制浆造纸行业
二噁英污染防治与控制技术

陈 亮　程言君　等编著

化学工业出版社

·北京·

本书基于"中国制浆造纸行业二噁英减排项目"的实践,按照基础篇、管理篇、技术篇、实践篇,分别介绍了二噁英概况、《斯德哥尔摩公约》及我国履约概况、制浆造纸行业二噁英排放情况、我国制浆造纸行业二噁英污染防治相关政策法规及技术标准、我国制浆造纸行业二噁英污染防治技术支撑情况、二噁英削减清洁生产技术工艺、二噁英监测技术、相关工程案例及运行经验等内容,并系统介绍了二噁英污染防治的背景、路径以及经验等。

本书具有较强的知识性和技术性,可供从事制浆造纸、环境保护等领域的工程技术、科研和管理人员参考,也可供高等学校环境工程、化学工程及相关专业师生参阅。

图书在版编目(CIP)数据

制浆造纸行业二噁英污染防治与控制技术/陈亮等编著.—北京:化学工业出版社,2018.5
ISBN 978-7-122-31825-1

Ⅰ.①制⋯ Ⅱ.①陈⋯ Ⅲ.①制浆废水—二噁英—有机污染物—污染防治 Ⅳ.① X703

中国版本图书馆 CIP 数据核字(2018)第 058321 号

责任编辑:刘兴春 刘 婧　　　　　　文字编辑:刘兰妹
责任校对:王素芹　　　　　　　　　　装帧设计:韩 飞

出版发行:化学工业出版社(北京市东城区青年湖南街 13 号　邮政编码 100011)
印　　装:北京瑞禾彩色印刷有限公司
710mm×1000mm　1/16　印张 14¾　字数 228 千字　2018 年 8 月北京第 1 版第 1 次印刷

购书咨询:010-64518888(传真:010-64519686)　售后服务:010-64518899
网　　址:http://www.cip.com.cn
凡购买本书,如有缺损质量问题,本社销售中心负责调换。

定　　价:148.00 元　　　　　　　　　　　　　　　　版权所有 违者必究

持久性有机污染物具有高毒性、持久性、易于生物积累并能够在环境中长距离迁移等特点，对全球环境和人类健康构成了极大的潜在危害。为了减少或消除持久性有机污染物的排放，2001年国际社会共同签署了《关于持久性有机污染物的斯德哥尔摩公约》（以下简称《斯德哥尔摩公约》或《公约》），开启了全球防控持久性有机污染物的联合行动。二噁英是《斯德哥尔摩公约》中首批受控的持久性污染物之一。在制浆造纸行业，纸浆的元素氯漂白工艺是该行业二噁英主要排放源之一，其产生的二噁英主要通过水体、产品和残渣等途径向环境中释放。

2012年，环境保护部环境保护对外合作中心与世界银行联合启动实施了"中国制浆造纸行业二噁英减排项目"，项目通过开展针对蔗渣浆、草浆、竹浆和苇浆4种典型非木浆制浆造纸企业的最佳可行技术和最佳环境实践（BAT/BEP）示范改造，制订全行业BAT/BEP改造行动计划，推动行业对BAT/BEP相关的技术和管理理念的引进和推广，完善相关政策法规和标准规范体系。通过项目的实施，提升了全行业污染物控制管理能力，减少了制浆造纸行业二噁英的形成和排放，并促进了行业的节能减排和可持续发展。

本书基于"中国制浆造纸行业二噁英减排项目"的实践，按照基础篇、管理篇、技术篇、实践篇，分别介绍了二噁英概况、《斯德哥尔摩公约》及我国履约概况、制浆造纸行业二噁英排放情况、我国制浆造纸行业二噁英污染防治相关政策法规及技术标准、我国制浆造纸行业二噁英污染防治技术支撑情况、二噁英削减清洁生产技术工艺、二噁英监测技术、相关工程案例及运行经验等内容，并系统介绍了二噁英污染防治的背景、路径以及经验，可供从事制浆造纸、环境保护等领域的工程技术、科研和管理人员参考，也可供高等学校环境工程、化学工程及相关专业师生参阅。

本书的第1章由孙阳昭、宋博宇编著；第2章由任永、苏畅编著；第3章由陈晨、宋博宇编著；第4章由孙慧、蒋彬编著；第5章由吕泽瑜、程言君编著；第6章由吕竹明、程言君、郭逸飞编著；第7章由宋博宇、蒋彬编著；第8章由苏畅、吕竹明、李珊、陈晨编著；第9章由蒋彬、高山、苏畅编著。全书最终由苏畅、陈晨、蒋彬、宋博宇校核，由陈亮、程言君统稿、定稿。

在本书编著和出版过程中，环境保护部环境保护对外合作中心余立风副主任和肖学智副主任做了大量的沟通协调与指导工作，加拿大新布伦瑞克大学倪永浩教授给予了大力支持，中国制浆造纸研究院冯文英教授提供了相关技术数据，履行斯德哥尔摩公约技术转移促进中心的吴昌敏老师提供了宝贵的意见，在此一并表示感谢。

同时，本书的编著和出版得到了全球环境基金"中国制浆造纸行业二噁英减排项目"的支持，在此对世界银行项目团队给予的帮助表示感谢。

限于编著者的编著水平和时间，书中不足和疏漏之处在所难免，敬请读者批评指正。

编委会

2018 年 2 月

目 录

第3章　制浆造纸行业二噁英排放情况　43

第二篇　管理篇

第4章　我国制浆造纸行业二噁英污染防治相关政策法规及技术标准　56

第5章 我国制浆造纸行业二噁英污染防治技术支撑情况 72

第三篇　技术篇

第四篇　实践篇

第9章　运行经验　　129

附录

第一篇
基 础 篇

第1章

二噁英概况

1.1　二噁英定义

二噁英（Dioxin），又称二氧杂芑，是一种无色无味、毒性较强的脂溶性物质。二噁英实际上是二噁英类（Dioxins）的一个简称，它指的并不是一种单一物质，而是结构和性质都很相似的、包含众多同类物或异构体的两大类有机化合物，是《关于持久性有机污染物的斯德哥尔摩公约》（以下简称《斯德哥尔摩公约》或《公约》）中首批受控物质之一。

二噁英主体含有 210 种化合物，是指含有 2 个或 1 个氧键连接 2 个苯环的含氯有机化合物，由于氯原子在 1 ～ 9 的取代位置不同，每个苯环上都可以取代 1 ～ 4 个氯原子，从而形成 75 种异构体多氯二苯并二噁英（polychlorinated dibenzo-*p*-dioxins，简称 PCDDs）和 135 种异构体多氯二苯并呋喃（polychlorinated dibenzofurans，简称 PCDFs）。PCDDs 及 PCDFs 的化学结构如图 1-1 所示。

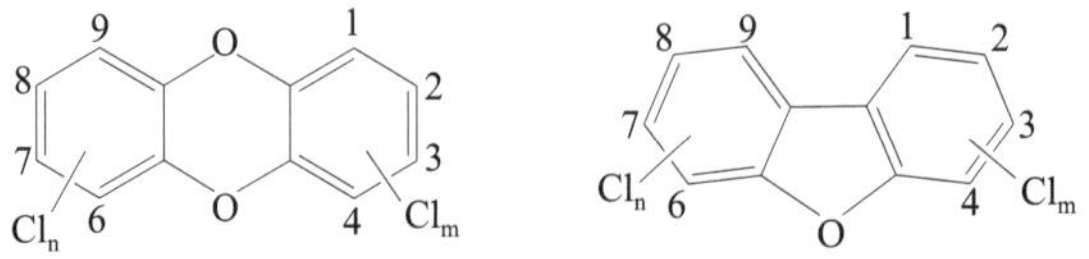

(a) PCDDs　　　　　　　(b) PCDFs

图 1-1　PCDDs 及 PCDFs 的化学结构

目前有 419 种类似二噁英的化合物被确定，但其中只有 30 种被认为具有相当的毒性，当中包括 7 种 PCDD 同系物、10 种 PCDF 和 13 种多氯联苯（PCB）同系物，其中以 TCDD（2,3,7,8- 四氯二苯并对二噁英）

的毒性最大。被认为有毒的 PCDD 和 PCDF 同系物当中至少在 2 位、3 位、7 位和 8 位都有氯元素替代。

典型二噁英类物质 CAS 登录号及分子结构式如表 1-1 所列。

表 1-1　典型二噁英类物质

CAS 号	分子结构式	分子式
98206-10-1		$C_{22}H_{26}FN_3O_4$
1746-01-6		$C_{12}H_4Cl_4O_2$
262-12-4		$C_{12}H_8O_2$
3268-87-9		$C_{12}Cl_8O_2$
174092-82-1		$C_9H_7NO_2$
54536-17-3		$C_{12}H_5Cl_3O_2$
67323-56-2		$C_{12}H_4Cl_4O_2$
116889-69-1		$C_{12}H_4Cl_4O_2$
164526-13-0		$C_{10}H_{11}NO_3$
58200-66-1		$C_{12}H_2Cl_6O_2$

CAS 号	分子结构式	分子式
71925-18-3		$C_{12}H_3Cl_5O_2$
50585-46-1		$C_{12}H_4Cl_4O_2$
82306-65-8		$C_{12}H_5Cl_3O_2$

1.2 二噁英理化性质

二噁英物质非常稳定，熔点较高，极难溶于水，可以溶于大部分有机溶剂，是无色无味的脂溶性物质，所以非常容易在生物体内积累。自然界的微生物和水解作用对二噁英的分子结构影响较小，环境中的二噁英很难自然降解而消除。

二噁英具有极强的稳定性和难降解性，主要体现在其高熔点、高 K_{ow} 值（化学品在正辛醇相中的浓度 / 化学品在水相中的浓度）和长半衰期。

二噁英的熔点在 $100 \sim 300℃$ 的温度区间，使其在一般条件下很难分解。可以肯定，在自然界中二噁英类物质主要以固体形式存在。土壤、沉积物、固体废物、食物、水体悬浮物、空气扬尘及颗粒物均可能是其移动的载体。

二噁英的低溶解性和高 K_{ow} 值反映出二噁英具有亲水性弱和亲脂性强的特点。二噁英的强脂溶性意味着其进入人体或生物体内会发生生物富集积累效应。

此外，二噁英的性质很稳定，具有很长的半衰期，从几小时到几十年不等。其中二噁英在土壤等固体物质中最稳定。土壤中的二噁英半衰期为 12 年，气态二噁英光化学分解的半衰期平均为 8.3d。因此，一片区域一旦发生二噁英类物质污染，对该地区的土壤和地下水将会产生巨大的威胁，进一步影响农业生产和饮食饮水健康。

表 1-2 显示不同二噁英异构体的理化性质。

表1-2　二噁英类物质重要的物理化学及环境命参数

化学物质	熔点/℃	水溶性 溶解度/(mg/L)	水溶性 温度/℃	蒸汽压 数值/mmHg	蒸汽压 温度/℃	亨利系数/(atm·m³/mol)	半衰期 大气中/h	半衰期 水体中(光解)/d	半衰期 土壤中/d	lg K_{ow}
2,3,7,8-TCDD	305~306	$1.93×10^{-5}$	25	$1.50×10^{-9}$	25	$3.29×10^{-5}$	1.2~9.6	21~118	563~7300	6.80
1,2,3,7,8-PeCDD	240~241			$4.40×10^{-10}$	25		2.0~14.8	456min	~7300	6.64
1,2,3,4,7,8-HxCDD	273~275	$4.42×10^{-6}$	25	$3.8×10^{-11}$	25	$1.07×10^{-5}$	2.7~12.4	6.3~22.0	~7300	7.80
1,2,3,6,7,8-HxCDD	285~286			$3.6×10^{-11}$			2.7~12.4	6.3~22.0	~7300	
1,2,3,7,8,9-HxCDD	243~244			$4.9×10^{-11}$	25		2.7~12.4	6.3~22.0	~7300	8.00
1,2,3,4,6,7,8-HpCDD	264~165	$2.40×10^{-6}$	20	$5.6×10^{-12}$	25	$1.26×10^{-5}$	4.2~12.2	47~156	~7300	8.20
1,2,3,4,6,7,8,9-OCDD	325~326	$7.4×10^{-8}$	25	$8.25×10^{-13}$	25	$6.75×10^{-6}$	4.8~20.4	18~50	~7300	6.1
2,3,7,8-TCDF	227~228	$4.19×10^{-4}$	22.7	$1.5×10^{-8}$	25	$1.44×10^{-5}$	2.1~11.5	1.2~6.3	~7300	6.79
1,2,3,7,8-PeCDF	225~227	$2.36×10^{-4}$	22.7	$1.7×10^{-9}$	25		1.2~11.6	4.56~46.2	~7300	6.5
2,3,4,7,8-PeCDF	196~196.5	$8.25×10^{-6}$	22.7	$2.6×10^{-9}$	25	$4.98×10^{-6}$	1.2~11.6	4.56~46.2	~7300	7.0
1,2,3,4,7,8-HxCDF	225.5~226.5	$1.77×10^{-5}$	22.7	$2.4×10^{-10}$	25	$1.43×10^{-5}$	3~13.3	4.56~46.2	~7300	
1,2,3,6,7,8-HxCDF	232~234			$2.2×10^{-10}$	25	$7.31×10^{-6}$	3~13.3	4.56~46.2	~7300	
1,2,3,7,8,9-HxCDF	246~249						3~13.3	4.56~46.2	260~7300	
2,3,4,6,7,8-HxCDF	239~240	$1.35×10^{-6}$	22.7	$2.0×10^{-10}$	25		3~13.3	4.56~46.2	~7300	7.4
1,2,3,4,6,7,8-HpCDF	236~237			$3.5×10^{-11}$	25	$1.41×10^{-5}$	4.3~25.0	4.56~46.2	~7300	
1,2,3,4,7,8,9-HpCDF	221~223			$1.07×10^{-10}$	25		4.3~25.0	4.56~46.2	~7300	
1,2,3,4,6,7,8,9-OCDF	258~260	$1.16×10^{-6}$	25	$3.75×10^{-12}$	25	$1.88×10^{-6}$	13.7~29.4	4.56~46.2	~7300	8.0

注：1. K_{ow}：正辛醇/水分配系数，某一化学品在正辛醇相与水相浓度之比，即化合物在正辛醇相中的平衡浓度与水相中该化合物非离解形式的平衡浓度的比值。

2. 溶解度：污染物在特定温度下溶解度的上限。当水溶性物质的浓度超过溶解度的情况下可能表示吸附在泥沙上，或者在溶剂和非水相液体中存在。

3. 亨利系数：分配在空气和水之间平衡状态下污染物的一个测量。亨利系数越高，污染物越有可能挥发。

4. 蒸汽压：当污染物蒸汽压在一定温度下跟固态或液态保持平衡时发挥作用。其值越高，污染物越有可能呈现气态。它是用来计算纯物质的挥发率，下同。

5. 1mmHg≈133Pa，1atm=101325Pa，下同。

1.3　二噁英毒理性质

二噁英的生物半衰期较长，2,3,7,8-TCDD 在小鼠体内为 10～15d，大鼠体内为 12～31d，人体内则长达 5～10 年（平均为 7 年）。因此，即使一次染毒也可在体内长期存在；如果长期接触二噁英还可造成体内蓄积，造成严重损害。

二噁英系一类剧毒物质，大量的动物实验表明，很低浓度的二噁英就对动物表现出致死效应。从职业暴露和工业事故受害者身上已得到一些二噁英对人体的毒性数据及临床表现，暴露在含有 PCDDs 或 PCDFs 的环境中，可引起人体皮肤痤疮、肝损害、感觉障碍、神情障碍，接触人群癌症发病率升高。二噁英侵入人体的途径包括饮食摄入、空气吸入和皮肤接触。一些专家指出：人类暴露于含二噁英污染的环境中，可能引起男性生育能力丧失、不育症、女性青春期提前、胎儿及哺乳期婴儿疾患、免疫功能下降、智商降低、精神疾患等。此外，还有致死作用，可能导致"消瘦综合征"、胸腺萎缩，具有免疫毒性、肝脏毒性、氯痤疮、生殖毒性、发育毒性和致畸性、致癌性。

二噁英中以 TCDD（2,3,7,8- 四氯二苯并对二噁英）的毒性最强，是迄今为止化合物中毒性较大且含有多种毒性的物质之一，因此对它研究也最多。

美国环保局（EPA）、世界卫生组织（World Health Organization，WHO）和联合国粮食及农业组织食品添加剂专家委员会（the Joint FAO/WHO Expert Committee on Food Additives，JECFA）一致认为就目前人类二噁英类暴露实际背景值状况而言，非致癌毒性作用比致癌毒性作用对人体健康危害的风险更大。

表 1-3 为二噁英对人体的各种健康危害。

表 1-3　二噁英对人体的各种健康危害

毒性效应	表现形式
急性毒性	二噁英急性中毒的动物一般在存活数周后才死亡，在此期间机体表现为"代谢废物综合征"（the wasting syndrome），其特征为食欲下降，染毒几天之内便出现严重的体重下降，并伴随有肌肉和脂肪组织的急剧减少，体重下降程度与染毒剂量具有剂量 - 效应关系。人类全身中毒死亡的报告尚未出现

续表

毒性效应	表现形式
亚急性和慢性毒性	人体和哺乳动物二噁英类暴露后皮肤都会出现氯痤疮,其形成具有潜伏期。其机制可能是未分化的皮脂腺细胞在二噁英类毒性作用下生化为鳞状上皮细胞,致使局部上皮细胞出现过度增殖、角化过度、色素沉着和囊肿等病理变化,可伴有胸腺萎缩和废物综合征。 经食物链的富集作用,受二噁英类污染的鱼类、贝类、肉类、蛋类等脂类含量高的动物性食物可经消化道进入人体,使二噁英类进入机体后在肝脏发生首过消除效应,使肝脏较早大量接触二噁英类并成为其最主要的毒性靶器官。肝脏病变的共同特征是肝脏体积增大、实质细胞增生与肥大。 暴露在二噁英中会增高慢性心血管系统疾病、慢性阻塞性肺疾病的发病率
免疫毒性	免疫系统是二噁英类最主要和最敏感的靶器官之一。免疫毒性表现为胸腺萎缩、体液免疫和细胞免疫功能下降、抗病毒能力降低以及抗体产生能力下降。免疫系统细胞信号转导因子基因也能够被 TCDD 激活,其中的一些细胞免疫抑制因子如 IL-10、TGF-B 的高效表达也会影响机体免疫能力
生殖毒性	二噁英类在雌性动物体内表现为抗雌激素效应,可以使大鼠、小鼠、灵长类雌性动物的受孕或坐窝数减少,子宫重量减轻,卵巢卵泡发育和排卵障碍。雄性哺乳类动物二噁英类染毒后均可发生睾丸和附睾重量下降、精子数目明显减少和精子运动能力下降等。二噁英还可以改变体内胰岛素、甲状腺激素的代谢水平。二噁英可以使动物体内胰岛素水平下降,引发糖代谢紊乱
发育毒性	在胚胎期和幼儿期,机体组织细胞在体内多种生物信息因子(如激素和生长因子)的调控下依次进行着增殖、分化和凋亡等生命过程。各系统组织细胞在这一阶段代谢旺盛、遗传信息表达活跃,对细胞毒性、化学物质毒性效应表现为高度敏感。流行病学研究结果显示孕妇接触二噁英类容易引起早产、宫内发育迟缓和死胎的发生,且围产期胎儿血清中 TCDD 浓度可能比母体高约 2 倍
致癌性	肝脏、甲状腺、胰腺、前列腺、肺、皮肤、牙龈、硬腭和软组织等均可成为 2,3,7,8-TCDD 诱发肿瘤的靶器官。二噁英的暴露者,肝脏、淋巴造血系统、消化道等癌症发病率显著增高

针对二噁英及其衍生物,需要考虑各种同系物对人体和生物体的联合作用。为此,EPA 建议应用一个毒性当量因子(Toxic Equivalency Factor,TEF)的方法。同时,世界卫生组织(WHO)通过这些 TEF 来评估人体和生物体暴露在多种污染物中的风险。由于环境中二噁英类主要以混合物的形式存在,在对二噁英类的毒性进行评价时,国际上常把各同类物折算成相当于 2,3,7,8-TCDD 的量来表示,称为毒性当

量（Toxic Equivalent Quantity，简称 TEQ）。毒性当量因子，即将某 PCDDs/PCDFs 的毒性与 2,3,7,8-TCDD 的毒性相比得到的系数。

表 1-4 列出了 EPA 和 WHO 分别针对各种二噁英类物质的 TEF 值。

表 1-4 二噁英类物质的毒性当量因子（TEF）

化学物质	TEF（EPA）	TEF（WHO）
PCDDs		
2,3,7,8-TCDD	1	1
1,2,3,7,8-PeCDD	1	1
1,2,3,4,7,8-HxCDD	0.1	0.1
1,2,3,6,7,8-HxCDD	0.1	0.1
1,2,3,7,8,9-HxCDD	0.1	0.1
1,2,3,4,6,7,8-HpCDD	0.01	0.01
OCDD	0.0003	0.0001
PCDFs		
2,3,7,8-TCDF	0.1	0.1
1,2,3,7,8-PeCDF	0.03	0.05
2,3,4,7,8-PeCDF	0.3	0.5
1,2,3,4,7,8-HxCDF	0.1	0.1
1,2,3,6,7,8-HxCDF	0.1	0.1
1,2,3,7,8,9-HxCDF	0.1	0.1
2,3,4,6,7,8-HxCDF	0.1	0.1
1,2,3,4,6,7,8-HpCDF	0.01	0.01
1,2,3,4,7,8,9-HpCDF	0.01	0.01
OCDF	0.0003	0.0001

样品中某 PCDDs 或 PCDFs 的质量浓度或质量分数与其毒性当量因子 TEF 的乘积，即为其毒性当量（TEQ）质量浓度或质量分数。而样品的毒性大小就等于样品中各同类物 TEQ 的总和：

$$TEQ = \sum（二噁英类毒性同类物浓度 \times TEF）$$

1.4 二噁英排放源和暴露途径

美国 EPA 总结了 5 类二噁英类物质的排放源。

1）焚烧：废物焚烧、燃料燃烧、其他高温操作以及无组织燃烧等。

2）金属冶炼及加工：金属的一次、二次操作过程。

3）化学品制造：氯漂木浆、氯代酚类、多氯联苯、酚氧类除草剂、氯代脂肪族等化学物质生产的副产品。

4）生物及光化反应：一定条件下微生物在氯代酚类物质的活动以及氯代酚类物质的光解作用。

5）存储源：土壤、沉积物、生物群、水体及一些人造材料等位置的循环释放。

目前认为二噁英的产生主要有以下 3 种方式。

① 在对氯乙烯等含氯塑料的焚烧过程中，焚烧温度低于 800℃，含氯垃圾不完全燃烧，极易生成二噁英。燃烧后形成氯苯，后者成为二噁英合成的前体。

② 其他含氯、含碳物质如纸张、木制品、食物残渣等经过铜、钴等金属离子的催化作用不经氯苯生成二噁英。

③ 在制造包括农药在内的化学物质，尤其是氯代化学物质，如杀虫剂、除草剂、木材防腐剂、多氯联苯等产品的过程中派生的。

废物焚烧炉曾被许多人视为二噁英的代名词，可实际上它并不是二噁英的唯一来源。UNEP 发布的《二噁英识别与定量工具包》中列有近 70 种二噁英产生和排放源，铁矿石烧结、再生有色金属冶炼都会产生和排放二噁英。二噁英也是纸浆氯漂白和一些除草剂和杀虫剂制造等各种生产过程的有害副产物。聚氯乙烯塑料、纸张、氯气以及某些农药的生产环节、钢铁冶炼、催化剂高温氯气活化等过程都可向环境中释放二噁英。二噁英还作为杂质存在于一些如五氯酚等农药产品中。

尽管二噁英来源于本地，但环境分布是全球性的。世界上几乎所有媒介上都被发现有二噁英。由于二噁英的亲脂疏水性，所以在乳制品、肉类、鱼类和贝壳类食品中含量相对较高。而在植物、水和空气中的含量非常低。

二噁英等持久性有机污染物（POPs）全球迁移路径如图 1-2 所示。

当前，二噁英向环境中迁移主要通过以下 3 种途径。

① 土壤污染，如图 1-3 所示；

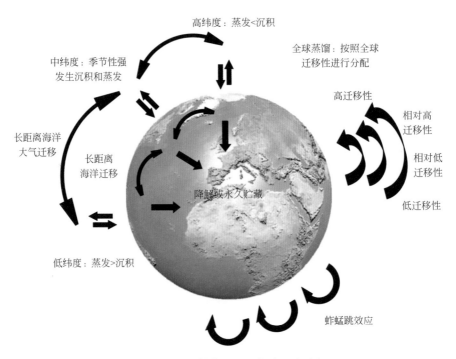

图 1-2　二噁英等 POPs 全球迁移路径

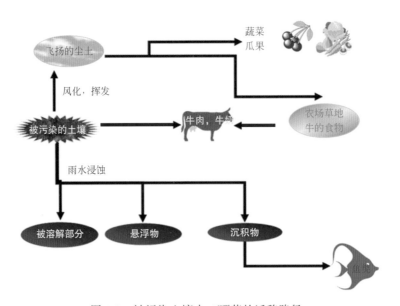

图 1-3　被污染土壤中二噁英的迁移路径

② 烟囱排放，如图 1-4 所示；

③ 废水排放，如图 1-5 所示。

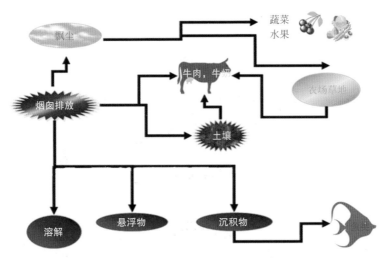

图 1-4　烟囱排放的二噁英迁移路径

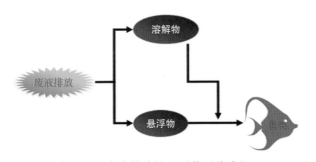

图 1-5　废水排放的二噁英迁移路径

　　二噁英通过食物链进入人体是一条不可忽视的暴露途径（见图 1-6 ）。人类接触二噁英，食物摄入是重要途径，而且动物性食品是二噁英主要来源。由于 PCDDs 和 PCDFs 脂溶性及其在环境中的高度稳定性，水体中通过水生植物—浮游植物—食草鱼—食鱼鱼类及鹅、鸭等家禽这一食物链过程，富集到鱼体和家禽及其蛋中。同时由于大气的流动，附着在大气颗粒物上的 PCDDs 和 PCDFs 沉降至地面植物上，污染蔬菜、粮食与饲料。因此，鱼、畜、禽肉类及其蛋类和乳类等成为主要污染的食品。

　　同时，大量摄入受二噁英污染的食物的产妇，通过母乳将二噁英传递给婴儿，是婴儿摄取二噁英的重要途径（见图 1-7 ）。这方面的研究已经得到了国际社会的广泛关注。相关研究发现：在母乳被二噁英污染的情况下，通过母乳哺育 1 年的婴儿比相同情况没有经过母乳哺育的婴儿，体内积累的二噁英剂量高出 6 倍；同时，通过母乳哺育的婴儿终身积累的二噁英剂量比未经过母乳哺育婴儿高出 3%～18%。

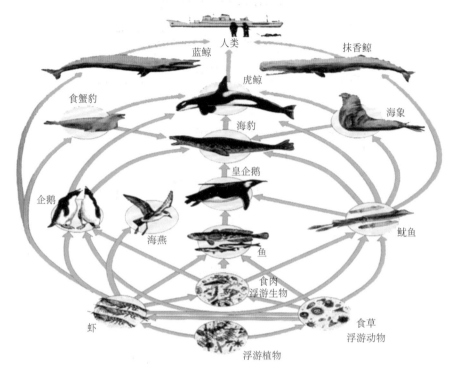

图 1-6　二噁英随食物链传播途径

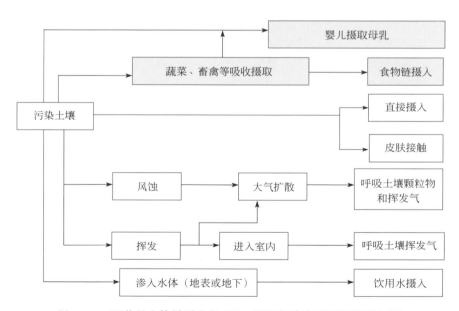

图 1-7　二噁英的人体暴露途径（注：阴影部分为重要的暴露途径）

1.5 国内外二噁英排放污染概况

1.5.1 二噁英总体排放量及排放趋势

目前，我国二噁英污染防治主要面临排放源众多、行业涉及面广泛、总排放量较高、监控管理难度大等困难和挑战。《斯德哥尔摩公约》签署以来，环境保护部开展了大量二噁英污染防治和减排工作，基本控制了二噁英排放的增长趋势。根据联合国环境规划署公布的工具包和我国实际监测数据结果显示，2014年我国10个主要行业二噁英总排放量较2010年下降了10.3%，废物焚烧、铁矿石烧结和再生有色金属生产3个重点行业二噁英单位产量/处理量排放强度较2010年均下降了15%，达到了《中国履行〈关于持久性有机污染物的斯德哥尔摩公约〉国家实施计划》（以下简称《国家履约实施计划》）确定的阶段性履约目标。

根据2010～2014年美国有毒物质排放清单国家分析报告显示，2010～2014年美国工业二噁英总排放量（包括水、气、土壤）逐年上涨且涨幅较大，由2010年的549g TEQ增至2014年的1996g TEQ，增长了264%。其中，2014年排放量较2013年增加了近2倍。主要原因是位于盐湖城的美国镁业公司大规模增产。2010～2014年，加拿大二噁英排放量从89.385g TEQ下降到67.934g TEQ，总体减少31.6%。

根据欧洲监测及评估项目和日本二噁英类排放清单，2010～2014年间欧盟28国二噁英大气排放量和日本二噁英总排放量均有下降的趋势。2014年欧盟大气二噁英排放量为1808g TEQ，其中德国2014年大气二噁英排放量为61.731g TEQ；日本大气二噁英排放量处于较低水平，2014年仅为121～123g WHO-TEQ。

1.5.2 环境及人体中的水平及趋势

（1）环境介质中二噁英浓度水平及监测开展情况

通过开展有效的二噁英控制和减排行动，目前，我国共设置了11个大气、3个农村、3个城市、2个海岸线和2个湖泊背景点，所调查环境介质包括空气、公共水域。根据我国第二次履约成效评估监测，我国背景点空气中二噁英浓度呈现低浓度水平波动态势，没有显著增高或降低的趋势。总体上，我国大气背景点空气中二噁英浓度高于欧洲和日本。

日本大气、水中二噁英浓度呈逐渐下降趋势，其中2014年日本大气二噁英平均浓度为 21fg WHO-TEQ/m³（1fg = 1 × 10⁻¹⁵g，下同）。从 1998 年起至今，日本环境省基本每年都开展环境介质中二噁英含量调查，所调查环境介质包括空气、公共水域水质及底质、地下水和土壤等。

2009 年，RECETOX（Research Centre for Toxic Compounds in the Environment）启动了 MONET（EU）空气中 POPs 含量监测项目，其中中东欧地区的采样频率为每 28 天一次，每年每个采样点共采集 13 个样品。1998 ～ 2004 年，美国开展了国家空气中二噁英监测网络项目（NDAMN），目的是为了确定空气中二噁英背景值。该项目共设置了 35 个监测站，多数监测站都设置在或临近于已存在的国家空气监测网络站点，例如 NADP/NTN 和 IMPROVE。6 年样品数量共 685 个，空气中二噁英背景均值为 11.1fg WHO-TEQ/m³。

此外，发达国家也已主导建立了多个 POPs 和汞监测网络，如全球汞监测网（GMOS）、北极监测与评估计划（AMAP）、欧洲空气污染物长程飘移监测和评价计划（EMEP）等。

（2）母乳中二噁英浓度水平及监测开展情况

根据 2007 ～ 2008 年我国 12 个省市母乳中二噁英调查和 2010 ～ 2011 年 14 个省市母乳中二噁英监测，2011 年我国大陆地区母乳中二噁英含量水平略高于 2007 年检测结果。根据西欧和其他国家成效评估监测报告，2000 ～ 2003 年美国母乳中二噁英含量中值为 6.6pg WHO-TEQ/g 脂肪（1pg = 10⁻¹²g，下同），较 1988 年下降了 61%；2009 ～ 2012 年瑞士母乳中二噁英含量为 5.0pg WHO-TEQ /g 脂肪。

1.5.3 主要行业分析

2010 ～ 2014 年，我国废弃物焚烧、铁矿石烧结等 10 个二噁英排放行业，企业数量、装置数量、废气二噁英估算排放量均逐年降低。其中 2014 年企业数量较 2010 年减少了 26%，废气二噁英估算总排放量降低了 17%；铁矿石烧结、炼钢生产、再生有色金属生产、废弃物焚烧 4 个行业废气二噁英估算排放量约占 10 个统计行业废气二噁英估算总排放量的 85%。

其中，铁矿石烧结二噁英排放量最高，其主要原因是该行业的产量和烟气排放量均较大。"十二五"期间，四大重点行业在 10 个行业中二噁英排放量所占比例变化不大，约为 90%。2014 年，铁矿石烧结行业占 10 个行业总排放量的 33%；炼钢生产行业占 10 个行业总排放量的

27%；再生有色金属（铜、铝、铅、锌）生产行业占 10 个行业总排放量的 18%；废物焚烧行业占 10 个行业总排放量的 11%；生活垃圾占 10 个行业总排放量的 6.29%。

废弃物焚烧企业中生活垃圾、危险废物焚烧炉及医疗废物焚烧量逐年增长，大型焚烧炉占比逐年提高，袋式及静电高效除尘设施的安装比例显著提高。铁矿石烧结行业烧结机数量基本稳定，年产量逐年提高；大规模烧结机比例及烧结机头和机尾静电和袋式除尘器的使用比例显著提高。炼钢生产行业炼钢炉数量总体呈下降趋势，年产量呈上升趋势，除尘器以袋式除尘器和湿法除尘为主。再生有色金属生产排放源以再生铜和再生铝为主。2010 ～ 2014 年典型行业高效除尘设施（袋式除尘器和静电除尘器）安装率变化情况见图 1-8。

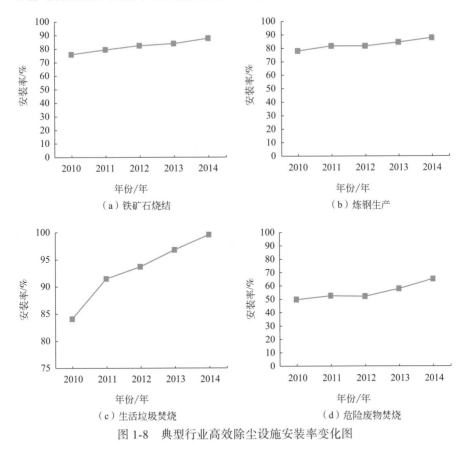

（a）铁矿石烧结　　　　　　　　　　（b）炼钢生产

（c）生活垃圾焚烧　　　　　　　　　　（d）危险废物焚烧

图 1-8　典型行业高效除尘设施安装率变化图

2014 年，美国二噁英排放主要行业为原生金属生产，占二噁英排放总量的 91%。加拿大二噁英的主要排放源包括废弃物、海上运输、重型柴油卡车、工业排放和住宅燃料木材燃烧，占总排放量的 80.7%。欧盟二噁英排放主要来源为住宅小型燃烧装置、工业部门能源使用、废物焚烧、钢铁生产，约占总排放量的 81%。日本二噁英主要排放行业包括废物焚烧、电炉炼钢和烧结，约占总排放量的 98%。2014 年，日本钢铁烧结产量为 $1.08 \times 10^8 t$，大气二噁英排放量为 10.6g TEQ，每 10000t 产量排放二噁英 0.98mg TEQ。

1.6　典型二噁英污染事件

1.6.1　越南战争美国军队大量喷洒"橙剂"事件

1961 ～ 1971 年的越南战争期间，美国军队为了切断胡志明小道运输线，实施了"牧场行动计划"。他们采用飞机和直升机喷洒，并动用了汽艇、吉普车、卡车甚至背负喷雾器的士兵，在越南南部地区约 1/10 的土地上喷洒下了 2000 万加仑（约 $7.57 \times 10^7 L$）的落叶剂。因当时这些液体都保存在容积 55 加仑（约 208L）的鼓形圆桶里，圆桶的标签是橙色的，而被称其为"橙剂"（Orange Agent）。

橙剂是一种农药，为 2,4-D 和 2,4,5-T 两种有机氯农药的混合物，另外其中还含有 10ppm（百万分之十）的二噁英杂质。由于橙剂大量使用，美国士兵和广大越南军民均暴露于高浓度的橙剂之中。"橙剂"喷洒如图 1-9 所示。

图 1-9　"橙剂"事件

"橙剂"事件导致美国历史上最大规模的战争环境健康影响调查,让人类开始认识二噁英的危害性,加快了世界各国对其进行研究与防治;此次事件严重破坏了越南的生态环境,越南政府没有足够的资金来治理被污染的土壤与河流,也无力把污染区的群众移到安全地区,成千上万农民依然处在高浓度的二噁英环境中。2012年,越南和美国开始清理越南战场使用的化学武器枯叶剂——"橙剂"残留物。据越南媒体报道,美国政府花费约4100万美元致力于清除越南 $7.3 \times 10^4 km^2$ 的土地污染。

1.6.2 意大利塞维索二噁英污染事件

1976年7月10日,ICMESA化工厂的1,2,3,4-四氯苯(TBC)加碱水解反应釜突然发生爆炸。该反应釜的目的是使TBC经水解而形成制造三氯酚(TCP)的中间体——2,4,5-三氯酚钠,由于反应放热失控,引起压力过高而导致安全阀失灵形成爆炸。由于当时釜内的压力高达4atm,温度高达250℃,包括反应原料、生成物以及二噁英杂质等在内的化学物质一起冲破了屋顶,冲入空中,形成一个污染云团,这个过程持续了约20min(见图1-10)。在接下来的几个小时内,污染云团随着风速达5m/s的东南风向下风向传送了约6km,并沉降到面积约1810英亩($7.32km^2$)的区域内,污染范围涉及Seveso、Meda、Desio、Cesano-Maderno以及另外7个属于米兰省的城市。

图1-10 意大利塞维索二噁英污染事件

1976 年 7 月 13 日，塞维索当地的小动物出现死亡；7 月 14 日，当地的儿童出现皮肤红肿。7 月 17 日，当地卫生部门邀请米兰省立卫生和预防实验室主任 Aldo Cavallaro 教授对现场进行分析。不久，来自瑞士日内瓦的 Givaudan S.A. 公司总部传来消息，公司实验室在事故发生后第一时间于现场采集的样品中发现二噁英。

据调查，爆炸当时反应釜内的物质包括 2030kg 的 2,4,5- 三氯酚钠（或其他 TCB 的水解产物）、540kg 的氯化钠和超过 2000kg 的其他有机物。在清理反应釜时，发现了 2171kg 的残存物，其中主要是氯化钠（约 1560kg）。按此推算，污染云团实际上包含了约 3000kg 的化学物质，其中据估计包括有 300g ~ 130kg 的二噁英。因此，ICMESA 化工厂的爆炸事故造成了轰动世界的二噁英污染事件。这次事件导致当地居民中产生 183 例氯痤疮，这是二噁英中毒的典型症状之一。

1.6.3　比利时"二噁英鸡污染事件"

1999 年 2 月，比利时养鸡业者发现饲养的母鸡产蛋率下降，蛋壳坚硬，肉鸡出现病态反应，因而怀疑饲料有问题。据初步调查，发现荷兰 3 家饲料原料供应厂商提供了含二噁英成分的脂肪给比利时的韦尔克斯特饲料厂，该饲料厂 1999 年 1 月 15 日以来，把上述含二噁英的脂肪混掺在饲料中出售。已知其含二噁英成分超过允许限量 200 倍左右。据悉，被查出的该饲料厂生产的含高浓度二噁英成分的饲料已售给超过 1500 家养殖厂，其中包括比利时的 400 多家养鸡厂和 500 余家养猪厂，并已输往德国、法国、荷兰等国。比利时其他畜禽类养殖业也不能排除使用该饲料的可能性。比利时的调查结果显示，有的鸡体内二噁英含量高于正常限值的 1000 倍，危害极大。各国纷纷采取行动，限制比利时肉类和鸡蛋等畜产品的进口和使用（见图 1-11）。

此事件在世界上掀起了轩然大波，对整个欧盟的畜禽养殖和肉类加工业造成巨大冲击。迫于强大的国际和国内的压力，比利时卫生部和农业部部长相继被迫辞职，并最终导致内阁的集体辞职。据统计，该事件共造成直接损失 3.55 亿欧元，间接损失超过 10 亿欧元，对比利时出口的长远影响可能高达 200 亿欧元。

(a)

(b)   (c)

图 1-11 比利时"二噁英鸡污染事件"

1.6.4 中国台湾地区"湾里二噁英污染事件"

自 20 世纪 60 年代末 70 年代初起，中国台湾的湾里地区开始大量引进废弃五金，经过燃烧加工后提炼出黄金等高价值的贵重金属。这种简单易操作、利润丰厚的行业几乎遍布整个湾里地区。

由于环保意识极为淡薄，许多从业者在二仁溪两旁空地上焚烧废五金及废电缆，以回收其中的铜及其他金属，而燃烧后的废弃物就往二仁溪倾倒。当时废五金处理从业者，多半集结在二仁溪两侧流域，厂房多半仅用木板条围起，作业场所也都未申请工厂登记证，全为违章工厂。焚烧过程排放的滚滚浓烟遮天蔽日，难闻的臭气使湾里以及邻近的高雄茄定地区的居民苦不堪言，学校的学生只好天天戴口罩上课。尽管后来由于当地居民强烈抗议，废五金从业者暂时停止了日间焚烧，但是在夜间还是偷偷烧电缆。这一过程持续了十几年之久。当地为解决湾里地区空气污染，特别在湾里海边及高雄大寮乡的大发工业区建燃烧废五金专业区，并要求厂商设立焚化炉及相关空气污染防治设备。无奈废五金从业者在采用这些设备进行焚烧回收时，由于其处理成本高于露天燃烧的成本，同时，在废料的标购不利及重视回收获利的情况下，从业者多放弃使用二次燃烧及空气污染防治设备，因而该集中管理的方式并未奏效。在湾里地区，先天性畸形发生率是 2.13%，高出中国台湾地区发生率 0.669% 的 3 倍以上；而无脑儿的发生率则高达 1.06%，是中国台湾地区发生率的 10 倍；癌症的死亡增加率为全地区的 4.5 倍。

7 月 6 日，岛内报纸根据"卫生署"接到的化验报告，证实台南湾里地区燃烧废电缆的浓烟中含有二噁英，监测结果发现土壤中的二噁英含量达到 2ppm（百万分之二），空气中则达到 0.2ppm（百万分之零点二），其含量均已超出不适合人类居住的安全界限。为了防止污染的进一步恶化，中国台湾地区采取了暂停进口废电缆等六项措施，同时对湾里及邻近的高雄茄定地区着手开展流行病学调查。然而，二噁英污染事件在中国台湾地区并未就此停息。1986 年，二仁溪及凤山溪畔废五金业者再次重蹈覆辙，产生的二噁英严重污染了当地环境，使当地 2000 多名民众出现头晕发烧现象。

直到 1993 年，中国台湾地区终于决定全面禁止进口废五金，结束了以牺牲环境和健康为代价的"日进斗金"的废五金时代。

1.6.5　美国 Bliss 公司废油污染事件

1971 年，美国 Bliss 公司将一部分混有二噁英的废油洒落在密苏里州的马圈和牧场里。根据当时的报道，洒上废油以后没过多久，马匹接连因为患病而死亡。而停在赛马场橡木上的飞鸟也接二连三地往地上掉。赛马场的业主和他两个年幼的孩子也都好像患了感冒。这个事件的直接结果是 62 匹马死亡。

1982 年圣诞节前夕，泰晤士滨城附近的 Meramec 河发生洪水，使人们对 Bliss 公司投弃废油而污染的土壤产生恐慌，近 2240 人受到了影响。美国环保局（EPA）针对被投弃在填埋场等地的污染废油的二噁英进行追溯调查。1983 年，美国政府出资 3300 万美元买下了泰晤士河沙滩内被 2,3,7,8-TCDD 所污染的地域。

泰晤士滨城洪水之后，有人进行了两项小型的研究：一是调查了受污染的母亲所生孩子的健康状况，结果发现部分孩子患免疫系统异常和脑功能障碍等疾病；另一项针对脑功能障碍的调查发现，在 7 名男女儿童中，女孩的机能障碍比男孩明显。这意味着二噁英可能对正在发育中的女性具有更大的影响。

1.6.6　德国鸡蛋污染事件

《德国世界报》2005 年 1 月 16 日报道，根据当年 1 月刚实施的《欧盟农产品标准》，德国许多州发现不少鸡蛋中的二噁英含量超标。食用这种鸡蛋后，吸收的二噁英会长期蓄积在人体的脂肪组织中，最终可能会对人体造成危害。报道说，由于散养的鸡经常会在被污染的地面上找食吃，所以在各项指数的检验中，散养鸡产的鸡蛋的质量要比养鸡场的鸡蛋差（见图 1-12）。通常情况下，散养鸡蛋二噁英的含量要比养鸡场鸡蛋高 2.5 倍。德国消费者保护、食品及农业部部长屈纳斯特已要求彻底销毁这些有毒鸡蛋。

图 1-12　检疫人员正对鸡蛋进行化验

1.6.7　德国二噁英毒饲料事件

2010 年年底，德国西部北莱茵 - 威斯特法伦州的养鸡场首次发现饲料遭致癌物质二噁英污染，其他州相继发现受污染饲料。2011 年 1 月，德国食品安全监管人员检测发现在费尔登附近的一家养猪场猪肉二噁英含量超标，而这家养猪场场主从"哈勒斯和延奇"公司采购饲料。该公司涉嫌把工业用脂肪酸用于生产饲料脂肪，供应给其他商家。其后，该公司生产的部分饲料脂肪样本被发现二噁英含量超出法定标准 77 倍多。哈勒斯和延奇公司自行化验产品成分时，发现二噁英含量超标，但没有向食品安全监管部门报告自检结果。哈勒斯和延奇公司因涉嫌违反食品和饲料法规遭监管部门调查。污染事件曝光后，联邦政府农业部宣布临时关闭 4700 多家农场,禁止受污染农场生产的肉类和蛋类产品出售,并召回受污染农场生产的肉类或蛋类产品。为遏制污染扩散,德国政府关闭的农场数量约占全国农场总数的 1%;同时,德国食品、农业和消费者保护部部长艾格纳 10 日召集工业界、农业界以及消费者保护组织的代表开会,表示将严格对饲料行业进行监管,并严惩犯罪行为。

参考文献

[1] IARC (International Agency for Research on Cancer). Monographs on the evaluation of carcinogenic risks to humans: Polychlorinated dibenzo-*para*-dioxins and poly chlorinated dibenzofurans [M]. Lyon: Lyon Press,1997.

[2] Endo T,Okuyama A,Matsubara Y,et al. Fluorescence-based assay with enzyme amplification on a micro-flow immunosensor chip for monitoring coplanar polychlorinated biphenyls [J]. Analytica Chimica Acta,2005,531 (1): 7-13.

[3] Rada E C,Ragazzi M,Panaitescu V,Apostol T. The role of bio-mechanical treatments of waste in the dioxin emission inventories [J]. Chemosphere, 2006,62 (3): 404-410.

[4] 王烨,焦志峰,毛孝明,等. 试析二噁英污染的产生与治理 [J]. 电子质量, 2001,(10): 127-131.

[5] Rordorf B F. Prediction of vapor pressures,boiling points,and enthalpies of fusion for twenty-nine halogenated dibenzo-*p*-dioxins [J]. Thermochimica Acta,1987,(112):117-122.

[6] Rordorf B F. Prediction of vapor pressures,boiling points and enthalpies of fusion for twenty-nine halogenated dibenzo-*p*-dioxins and fifty-five dibenzofurans by a vapor pressure correlation method [J]. Chemosphere, 1989,18(1-6): 783-788.

[7] Bolgar M,Cunningham J,Cooper R,et al. Physical,spectral and chroma-tographic properties of all 209 individual PCB congeners [J]. Chemosphere,1995,31(2):2687-2705.

[8] Mackay D,Shiu W Y,Ma K C. Illustrated handbook of physical-chemical properties and environmental fate for organic chemicals: polynuclear aromatic hydrocarbons,polychlorinated dioxins,and dibenzofurans [M]. Chelsea,MI: Lewis Publishers,1992.

[9] Murphy T J,Mullin M D,Meyer J A. Equilibration of polychlorinated biphenyls and toxaphene with air and water [J]. Environmental Science and Techology,1987,21(2):155-162.

[10] Abramowitz R,Yalkowsky S H. Estimation of aqueous solubility and melting point for PCB congeners [J]. Chemosphere,1990,21(10-11): 1221-1229.

[11] Choudhry G G,Foga M,Webster G R B,et al. Quantum yields of the direct phototransformation of 1,2,4,7,8-*penta*- and 1,2,3,4,7,8-*hexa* chlorodiben-

zofuran in aqueous acetonitrile and their sunlight half-lives [J] . Toxico-logical and Environmental Chemistry,1990,26:181-195.

[12] Dunnivant F M,Eizerman A W,Jurs P C,et al. Quantitative structure-property relationships for aqueous solubilities and Henry's Law Constants of polychlorinated biphenyls [J] . Environ. Sci. Technol.,1992,26(8):1567-1573.

[13] Mckay D,Eisenreich S J,Patterson S,et al. Physical Behavior of PCBs in the Great Lakes [J] . Molecular Phylogenetics & Erolution,1983. 62(2): 640-652.

[14] EPA. Chemical Fate Half-Lives for Toxics Release Inventory (TRI). Chemicals [R] . 1998.

[15] 陈辉.食品安全概论 [M] .北京：中国轻工业出版社，2011.

[16] 白新鹏.食品安全热点问题解析 [M] .北京：中国计量出版社，2010.

[17] Keenan R E,Paustenbach D J,Wenning R J,et al. Pathology reevaluation of the implications for risk assessment [J] . Toxicol Environ Health,1991,34(3): 279-296.

[18] Calabrese E J,Stanek E J,Barnes R. Methodology to estimate the amount and particle size of soil ingested by children: implications for exposure assessment at waste sites [J] . Regul Toxicol Pharmacol,1996,24(3): 264-268.

[19] Greene J F,Hays S,Paustenbach D. Basis for a proposed reference dose (RfD) for dioxin of 1-10 pg/kg-day: a weight of evidence evaluation of the human and animal studies [J]. Journal of Toxicology & Environmental Health Part B, 2003,6(2): 115-159.

[20] 杨永斌，郑明辉，刘征涛．二噁英类毒理学研究新进展 [J].生态毒理学报，2006. 1 (2): 105-115.

[21] EPA. Health Risks from Dioxin and Related Compounds: Evaluation of the EPA Reassessment [R] . Washington,DC: The National Academics. 2006.

[22] Berg M V,Bimbaum L S,Dension M, et al. The 2005 World Health Organization Reevaluation of Human and Mammalian Toxic Equivalency Factors for Dioxins and Dioxin-Like Compounds [J] . Toxicological Sciences,2006,93 (2): 223-241.

[23] Addink R,Van Bavel B,Visser R,et al. Surface catalyzed formation of polychlorinated dibenzo-p-dioxins/dibenzofurans during municipal waste incineration [J] . Chemosphere,1990,20(10-12):1929-1934.

[24] Ahling B,Lindskog A. Emission of chlorinated organic substances from combustion [J] . Chlorinated Dioxins and Related Compounds,1982: 215-225.

[25] Riggs K B,Brown T D,Schrock M E. PCDD/PCDF emissions from coal-fired power plants [J] . Organohalogen Compounds,1995,24:51-54.

[26] Sakai S,Hiraoka M,Takeda N,et al. Coplanar PCBs and PCDD/PCDFs in municipal waste incineration [J] . Chemosphere,1993,27(1-3):233-240.

[27] Buekens A,Stieglitz L,Huang H,et al. Preliminary investigation of formation mechanism of chlorinated dioxins and furans in industrial and metallurgical processes [J] . Organohalogen Compounds,1997,31:516-520.

[28] CARB (California Air Resources Board) Dioxin/furan estimates from a secondary aluminum facility [R] . Confidential Report No. ERC-9.

Engineering Evaluation Branch, Monitoring and Laboratory Division, 1992.

[29] Oehme M, Mano S, Bjerke B. Formation of polychlorinated dibenzofurans and dibenzo-*p*-dioxins by production processes for magnesium and refined nickel [J]. Chemosphere, 1989, 18(7-8): 1379-1389.

[30] Curlin L C, Bommaraju T V, Hansson C B. Kirk-Othmer Encyclopedia of Chemical Technology [M]. 1991.

[31] Gillespie W J, Abbott J D. Progress in reducing the TCDD/TCDF content of effluents, pulps and wastewater treatment sludges from the manufacturing of bleached chemical pulp [J]. Chemosphere, 1998, 37(9-12): 1973-1985.

[32] Greenpeace Dioxin factories: a study of the creation and discharge of dioxins and other organochlorines from the production of PVC. Amsterdam. The Netherlands: Greenpeace International, 1993.

[33] Horstmann M, McLachlan M S. Textiles as a source of polychlorinated dibenzo-*p*-dioxins and dibenzofurans (PCDD/CDF) in human skin and sewage sludge [J]. Environ. Sci. & Pollut. Res, 1994, 1(1): 15-20.

[34] Buser H R Formation of polychlorinated dibenzofurans (PCDFs), and dibenzo-*p*-dioxins (PCDDs) from the pyrolysis of chlorobenzenes [J]. Chemosphere, 1979, (8): 415-424.

[35] Vollmuth S, Zajc A, Niessner R. Formation of polychlorinated dibenzo-*p*-dioxins and polychlorinated dibenzofurans during the photolysis of pentachlorophenol-containing water [J]. Environ. Sci. Technol, 1994, 28(6): 1145-1149.

[36] Miller G C, Hebert V R, Miille M J, et al. Photolysis of octachlorodibenzo-*p*-dioxin on soils: production of 2,3,7,8-TCDD [J]. Chemosphere, 1989, (18): 1265-1274.

[37] Ferrario J, Byrne C, Cleverly D. 2,3,7,8-Dibenzo-*p*-dioxins in mined clay products from the United States: evidence for possible natural formation [J]. Environ. Sci. and Technol, 2000, (34): 4524-4532.

[38] Harrad S J, Malloy T A, Khan M A, et al. Levels and sources of PCDDs, PCDFs, chlorophenols (CPs) and chlorobenzenes (CBzs) in composts from a municipal yard waste composting facility [J]. Chemosphere, 1991, 23(2): 181-191.

[39] Oberg L G, Wagman N, Koch M, et al. Polychlorinated dibenzo-*p*-dioxins, dibenzofurans and non-ortho PCBs in household organic-waste compost and mature garden waste compost [J]. Organohalogen Compounds, 1994, 20: 245-250.

[40] http://blog.sina.com.cn/s/blog_6d58fb950100lu50.html 对垃圾焚烧产生的二噁英处理的几点思考.

[41] Lorber M, Phillips L. Infant Exposure to Dioxin-like Compounds in Breast Milk [J]. Environmental Health Prospective, 2002, 110 (6): 325-332.

第2章

《斯德哥尔摩公约》及我国履约概况

2.1 《斯德哥尔摩公约》概况

持久性有机污染物（POPs）是一类具有持久性、生物蓄积性、可远距离迁移、高毒性，严重危害环境和人体健康的化学品。

基于对持久性有机污染物的认识，为消除其对人类的危害，2001年5月，国际社会通过了《关于持久性有机污染物的斯德哥尔摩公约》（以下简称《斯德哥尔摩公约》），开启了全球削减淘汰POPs的联合行动。

2001年5月23日，包括我国政府在内的92个国家签署了《斯德哥尔摩公约》。截至2018年5月，该公约共有182个缔约方。

根据《斯德哥尔摩公约》要求，缔约方应采取必要的法律和行政措施，减少或消除源自有意生产和使用的POPs物质的排放，禁止和/或消除公约附件A所列出的化学品的生产和使用；限制附件B所列化学品的生产和使用；减少附件C所列的每一类化学物质的人为来源的排放总量，其目的是持续减少并在可行的情况下最终消除此类化学品；减少或消除源自库存或废物的POPs物质的排放。

2001年，公约POPs削减清单（包括附件A、B、C）共列入12种物质，其中多氯二苯并二噁英和多氯二苯并呋喃为无意产生物质。

2009年5月，公约审核委员会第四次会议通过了将全氟辛基磺酸及其盐类和全氟辛基磺酰氟等9种污染物增列入公约附件A、附件B和附件C的决定。

2011年5月，公约审核委员会第五次会议通过了将硫丹增列入公约附件A的决定。

2013年，第六次缔约方大会通过决定，将六溴环十二烷增列入公约附件 A。

2015 年，第七次缔约方大会通过将六氯丁二烯、五氯苯酚及其盐类和酯类增列入公约附件 A，多氯萘增列入公约附件 A 和附件 C。

2017 年 5 月，第八次缔约方大会通过将十溴二苯醚、短链氯化石蜡列入公约附件 A，将六氯丁二烯列入公约附件 C。

《斯德哥尔摩公约》规定的 POPs 削减清单如表 2-1 所列。

表 2-1 《斯德哥尔摩公约》规定的 POPs 削减清单

清单更新时间	附件 A（禁止和 / 或消除）应采取必要的法律和行政措施，禁止和 / 或消除的化学品	附件 B（严格限制可接受用途）应限制生产和使用的化学品	附件 C（减少或消除无意产生）应采取控制措施减少或消除的源自无意生产的污染物	在用物品 / 废弃 / 污染地块
首批受控（12 种）（2001.5）	艾试剂、狄氏剂、异狄氏剂、七氯、毒杀芬、多氯联苯、氯丹、灭蚁灵、六氯苯	滴滴涕	多氯二苯并二噁英、多氯二苯并呋喃、六氯苯和多氯联苯	查明 POPs 或含 POPs 化学品库存；查明含 POPs 产品、物品及废物；环境无害化管理库存、产品、物品及废物；以不可逆转方式销毁 POPs 废物；查明污染地块清单
首次增列（9 种）（2009.5）	十氯酮、五氯苯、六溴联苯、林丹、α - 六氯环己烷、β - 六氯环己烷、商用五溴二苯醚和商用八溴二苯醚	全氟辛基磺酸及其盐类和全氟辛基磺酰氟	五氯苯	
第二次增列（1 种）（2011.4）	硫丹			
第三次增列（1 种）（2013.5）	六溴环十二烷			
第四次增列（3 种）（2015.5）	六氯丁二烯、五氯苯酚及其盐类和酯类、多氯萘		多氯萘	
第五次增列（3 种）（2017.5）	十溴二苯醚、短链氯化石蜡		六氯丁二烯	

2.2　我国履约概况

2.2.1　我国履约重要进程

2001 年 5 月，时任国家环境保护总局副局长祝光耀代表中国政府在公约开放签署首日签署了《斯德哥尔摩公约》。

2002 年 10 月 17 日，时任国务院总理温家宝对《斯德哥尔摩公约》履约工作做出重要批示：要早谋对策，并主动商有关部门加以落实。这件事不仅关系履约，更重要的是要保护环境和人民的健康。

2004 年 6 月 25 日，第十届全国人大常委会第十次会议批准《斯德哥尔摩公约》。

2004 年 11 月 11 日，《斯德哥尔摩公约》对中国生效，并适用于香港特别行政区和澳门特别行政区。

2007 年 4 月 14 日，国务院批准《国家实施计划》，如图 2-1 所示。

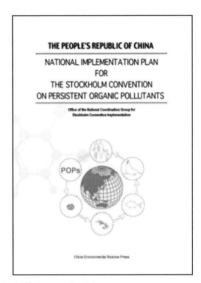

图 2-1 《国家实施计划》（2007 版本）

2009 年 5 月，环境保护部联合 9 个部委颁布杀虫剂 POPs 禁令，宣布我国全面禁止生产、流通、使用和进出口滴滴涕、氯丹、灭蚁灵及六氯苯 4 种杀虫剂类持久性有机污染物，实现履约工作阶段性目标。

2012 年 7 月，环境保护部联合 12 个部委，发布《全国主要行业持久性有机污染物污染防治"十二五"规划》。

2013 年 8 月，全国人民代表大会委员会批准《斯德哥尔摩公约》有关增列全氟辛基磺酸及其盐类和全氟辛基磺酰氟（PFOS）和硫丹等 10 类 POPs 修正案。

2014 年 3 月 25 日，环境保护部、外交部、国家发展和改革委员会等十二个部门联合发布《关于〈关于持久性有机污染物的斯德哥尔摩公约〉新增列九种持久性有机污染物的〈关于附件 A、附件 B 和附件 C 修正案〉和新增列硫丹的〈关于附件 A 修正案〉生效的公告》，对 α - 六氯环己烷、β - 六氯环己烷、林丹、十氯酮、五氯苯、六溴联苯、四溴二苯醚和五溴二苯醚、六溴二苯醚和七溴二苯醚、全氟辛基磺酸及其盐类和全氟辛基磺酰氟、硫丹 10 种持久性有机污染物做出淘汰或者限制的时间规定。

2014 年 5 月，我国全面停止含滴滴涕的三氯杀螨醇的生产。

2016 年 7 月，全国人大常委会批准《〈关于持久性有机污染物的斯德哥尔摩公约〉新增列六溴环十二烷修正案》。

2016 年 12 月 26 日，环境保护部、外交部、国家发展和改革委员会等 11 个部门联合发布《关于〈关于持久性有机污染物的斯德哥尔摩公约〉新增列六溴环十二烷修正案生效的公告》（公告 2016 年第 84 号）。该公告指出，自 2016 年 12 月 26 日起，禁止六溴环十二烷的生产、使用和进出口。

2.2.2　我国履约工作总体进展

中国积极推进《斯德哥尔摩公约》履约，先后推动了 100 多项管理政策和技术标准的制 / 修订，将 POPs 管控逐步纳入国内环境管理体系。截至 2017 年 5 月，淘汰了滴滴涕等 17 种 POPs 物质在我国的生产、使用，重点行业二噁英排放强度下降超过 15%，处置了 19 个省约 31000 台含多氯联苯电力设备，清理处置了历史遗留的上百万个点位 50000 余吨 POPs 废物，促进了相关产业的绿色升级，重点地区环境介质中 POPs 含量下降，环境质量得到显著改善，为保障食品安全，保护全球环境和人类健康做出了积极贡献。

2.2.2.1　建立了国内履约机制

2005 年，国务院批准成立了由国家环境保护总局（现生态环境部）牵头的，由外交部、国家发展和改革委员会、科学技术部、财政部等 11 个部委组成的国家履行斯德哥尔摩公约工作协调组（简称国家履约工作协调组），其组织结构如图 2-2 所示。随着履约进程的调整，目前增加至 14 个相关部委。各相关部委各司其职，形成合力，共同审议国家关于 POPs 管理和控制的方针、政策等，协调国家 POPs 管理及履约方面的重大事项。

此外，环境保护部成立了由土壤环境管理司、国际合作司和环境保护对外合作中心组成的协调组办公室，作为我国履行公约的联络点，负责组织、协调和管理履约日常活动。

图 2-2 中国履行斯德哥尔摩公约工作协调组组织结构图（截至 2018 年 3 月）

同时，我国各省、市、自治区政府的环保厅（局）也建立了协调机制，明确了开展 POPs 污染防治工作和履约的责任单位。

2.2.2.2 构建持久性有机污染物法律法规、政策和标准体系

（1）法律方面

2013 年 6 月 18 日，最高人民法院、最高人民检察院公布《最高人民法院、最高人民检察院关于办理环境污染刑事案件适用法律若干问题的解释》，明确"非法排放持久性有机污染物等严重危害环境、损害人体健康的污染物超过国家污染排放标准或各省、自治区、直辖市人民政府根据法律授权制定的污染物排放标准三倍以上的"，应认定为"严重污染环境"。其中，持久性有机污染物是指《斯德哥尔摩公约》附件中所列物质。

2015 年 8 月 29 日，中华人民共和国第十二届全国人民代表大会常务委员会第十六次会议修订通过《中华人民共和国大气污染防治法》（以下简称《大气污染防治法》），并于 2016 年 1 月 1 日起施行。《大气污染防治法》明确提出有关企业要采取有利于减少持久性有机污染物排放的技术方法和工艺，配备有效的净化装置，实现达标排放。

（2）战略规划

1）《中华人民共和国履行〈关于持久性有机污染物的斯德哥尔摩公

约〉国家实施计划》（简称《国家实施计划》） 2004 年《斯德哥尔摩公约》生效以后，国家生态环境总局（现生态环境部）联合相关部委，启动了《国家实施计划》的制定工作，并于 2007 年经国务院批准正式发布实施。《国家实施计划》是我国开展履约工作的纲领性文件，明确了履约目标、战略和行动计划，确定了分阶段、分区域和分行业稳步推进履约工作的方针。随着公约受控清单的不断增列，环境保护部会同各有关部门已启动了对《国家实施计划》的更新工作。

2）《全国主要行业持久性有机污染物污染防治"十二五"规划》 2012 年 7 月，环境保护部、外交部、国家发展和改革委员会、科学技术部、工业和信息化部、财政部、住房和城乡建设部、农业部、卫生部（现国家卫生和计划生育委员会）、国家质量监督检验检疫总局、国家安全生产监督管理总局和国家电力监管委员会（现国家能源局）12 个部委联合印发实施了该规划，确定了"十二五"期间持久性有机污染物污染防治工作的目标和任务。

《环境保护"十二五"规划》也将 POPs 污染防治作为重点领域之一，其是环保规划的重要组成部分。全国各省、市、自治区分别制定并相继出台了省级《持久性有机污染物污染防治"十二五"规划》。持久性有机污染物管理、控制和淘汰工作已纳入国民经济和社会发展中长期规划。

（3）政策法规

为加强管理，切实减少 POPs 的污染排放，我国全面启动了有关法规的修改、补充和完善工作。

① 2009 年 4 月 16 日，环境保护部和国家发展和改革委员会等 10 部门联合发布公告，宣布自 2009 年 5 月 17 日起，禁止在中国境内生产、流通、使用和进出口杀虫剂类 POPs 滴滴涕、氯丹、灭蚁灵及六氯苯（紧急情况下用于病媒防治的滴滴涕用途除外）。该禁令是我国履行《斯德哥尔摩公约》、落实《国家实施计划》和国家有关管理政策的重要举措。

② 2010 年 10 月 19 日，环境保护部、外交部、国家发展和改革委员会等 9 部门联合发布了《关于加强二噁英污染防治的指导意见》，提出了淘汰落后产能、严格环境准入、实施清洁生产、实施减排工程等措施和任务。

③ 2011 年 10 月 17 日，国务院发布了《关于加强环境保护重点工作的意见》，要求加强持久性有机污染物排放重点行业监督管理。

④ 2011 年 3 月 27 日，国家发展和改革委员会发布《产业结构调整指导目录（2011 年本）》，将滴滴涕、多氯联苯、六六六、全氟辛酸及其

盐类等 14 种 POPs 物质纳入落后产品，并鼓励削减和控制二噁英排放的技术、POPs 替代品、POPs 废物处置技术、含 POPs 土壤修复技术的开发与应用。

⑤ 2013 年 2 月 16 日，国家发展和改革委员会发布《国家发展和改革委员会关于修改〈产业结构调整指导目录（2011 年本）〉有关条款的决定》，将"泡沫灭火剂氟表面活性剂替代物"纳入鼓励类。

⑥ 2013 年 12 月 30 日，环境保护部、海关总署联合修订发布的《中国严格限制进出口的有毒化学品目录》(2014 年)，将部分新 POPs 列入名录。

⑦ 2014 年 4 月 3 日，环境保护部办公厅发布了关于发布《重点环境管理危险化学品目录》的通知（环办〔2014〕33 号），其中将 PFOS 类纳入管理。

⑧ 2014 年 3 月 25 日，环境保护部和国家发展和改革委员会等 12 部门联合发布关于新增列 POPs 修正案生效公告，要求自 2014 年 3 月 26 日起，禁止生产、流通、使用和进出口 α - 六氯环己烷、β - 六氯环己烷、十氯酮、五氯苯、六溴联苯、四溴二苯醚和五溴二苯醚、六溴二苯醚和七溴二苯醚；自 2014 年 3 月 26 日起，禁止林丹、全氟辛基磺酸及其盐类和全氟辛基磺酰氟、硫丹除特定豁免和可接受用途外的生产、流通、使用和进出口。对于特定豁免用途的应抓紧研发替代品，确保豁免到期前全部淘汰；对于可接受用途的应加强管理及风险防范，并努力逐步淘汰其生产和使用。各级环境保护、发展改革、工业和信息化、住房城乡建设、农业、商务、卫生计生、海关、质检、安全监管等部门，应按照国家有关法律法规的规定，加强对上述 10 种持久性有机污染物生产、流通、使用和进出口的监督管理。一旦发现违反本公告的行为，将严肃查处。

⑨ 2016 年 12 月 26 日，环境保护部、外交部、国家发展和改革委员会等 11 个部门联合发布《关于〈〈关于持久性有机污染物的斯德哥尔摩公约〉新增列六溴环十二烷修正案〉生效的公告》（公告 2016 年第 84 号）。公告指出，自 2016 年 12 月 26 日起，禁止六溴环十二烷的生产、使用和进出口。

（4）相关标准、技术规范和指南

1）相关环境质量标准　我国在制定环境质量标准中对相关持久性有机污染物的含量提出了限值要求，现行 POPs 污染防控相关环境质量标准如表 2-2 所列。

表2-2 现行POPs污染防控相关环境质量标准

序号	标准名称	颁布单位及实施时间	涉及POPs物质	环境要素	限值
1	《渔业水质标准》(GB 11607—1989)	国家环境保护总局(现生态环境部),1989		水	≤ 0.001mg/L
2	《生活饮用水水源水质标准》(CJ 3020—1993)	卫生部,1993			≤ 1μg/L
3	《地下水环境质量标准》(GB/T 14848—2017)	国家技术监督局,1993			I类、不得检出 II类、≤ 0.005μg/L III类、IV类 ≤ 0.1μg/L V类、>1μg/L
4	《海水水质标准》(GB 3097—1997)	国家环境保护总局和国家海洋局,1997			I类、≤ 0.00005mg/L II - IV类、≤ 0.0001mg/L
5	《地表水环境质量标准》(GB 3838—2002)	国家环境保护总局和国家质量监督检验检疫总局,2002	滴滴涕		≤ 0.001mg/L
6	《生活饮用水卫生标准》(GB 5749—2006)	国家标准委和卫生部,2007			≤ 0.001mg/L
7	《海洋沉积物质量》(GB 18668—2002)	国家质量监督检验检疫总局,2002		沉积物	I类、≤ 0.02 × 10⁻⁶ II类、≤ 0.05 × 10⁻⁶ III类、≤ 0.10 × 10⁻⁶
8	《土壤环境质量标准》(GB 15618—1995)	国家环境保护总局和国家技术监督局,1995		土壤	一级、≤ 0.05mg/kg 二级、≤ 0.5mg/kg 三级、≤ 1.0mg/kg
9	《地表水环境质量标准》(GB 3838—2002)	国家环境保护总局和国家质量监督检验检疫总局,2002	多氯联苯	水	2.0 × 10⁻⁵mg/L
10	《海洋沉积物质量》(GB 18668—2002)	国家质量监督检验检疫总局,2002		沉积物	I类、≤ 0.02 × 10⁻⁶ II类、≤ 0.20 × 10⁻⁶ III类、≤ 0.60 × 10⁻⁶

2）相关工程技术规范和导则　我国生态环境部针对持久性有机污染物产生的过程，制定了一些系列工程技术规范，提出了持久性有机污染物防治的技术措施要求，具体情况如表 2-3 所列。

表 2-3　现行 POPs 污染防治相关工程技术规范和导则

序号	技术规范名称	颁布单位及实施时间	规范内容
1	《危险废物集中焚烧处置工程建设技术规范》（HJ/T 176—2005）	国家环境保护总局，2005	规范了危险废物焚烧处置工程规划、设计、施工、验收和运行维护相关技术，规定了危险废物焚烧过程中应采取的二噁英控制措施
2	《医疗废物集中焚烧处置工程建设技术规范》（HJ/T 177—2005）	国家环境保护总局，2005	规范了医疗废物焚烧处置工程规划、设计、施工、验收和运行维护相关技术，规定了医疗废物焚烧过程中应采取的二噁英控制措施
3	《危险废物（含医疗废物）焚烧处置设施二噁英排放监测技术规范》（HJ/T 365—2007）	国家环境保护总局，2007	规定危险废物焚烧设施和医疗废物焚烧设施排放的废气中二噁英类污染物的监测技术规范
4	《危险废物（含医疗废物）焚烧处置设施性能测试技术规范》（HJ 561—2010）	环境保护部，2010	规定了危险废物（含医疗废物）焚烧处置设施性能测试及测试内容、程序和技术要求，规定了二噁英测试运行条件技术要求
5	《袋式除尘工程通用技术规范》（HJ 2020—2012）	环境保护部，2012	规定了袋式除尘工程设计、施工与安装、调试与验收、运行与维护管理的通用技术要求，要求对二噁英数值进行监测
6	《固体废物处理处置工程技术导则》（HJ 2035—2013）	环境保护部，2013	提出了固体废物处理处置过程中工程设计施工、验收和运行维护等的通用技术要求，指出烟气净化系统中应包括二噁英污染控制与去除设备，并对烟气中二噁英去除做出了详细规定
7	《含多氯联苯废物焚烧处置工程技术规范》（HJ 2037—2013）	环境保护部，2013	规定了含多氯联苯废物焚烧处置工程设计、施工、验收和运行管理等过程中有关技术要求

2.2.2.3　加强履约能力建设

加强履约能力建设，建立控制 POPs 排放长效机制是《国家实施计划》中确定的优先领域。2007 年以来，我国利用国际赠款及双多边资金开展了一系列能力建设活动，对加强我国中央、地方和相关行业在政策制定、履约管理、监督执法和监测等方面的履约能力发挥了重要作用。

（1）建立地方履约协调机制

实施"全球环境基金中国履行斯德哥尔摩公约能力建设项目"和"中挪合作地方履约能力建设项目"等国际合作项目，在上海、广东、陕西、宁夏等十几个省、市、自治区开展了大量能力建设工作，帮助地方政府建立起履约协调机制，从地方政策法规制/修订、POPs调查、监测监管、应急响应、公众意识和教育等方面全面提高了地方政府履行《斯德哥尔摩公约》以及POPs污染防治的能力。

（2）加强POPs监测监管能力建设

建设和完善二噁英监测重点实验室，通过国际合作，引进日本、美国等发达国家在二噁英监测方面的先进技术和经验，组织开展环境介质和人体样本（血清和乳汁）中POPs监测技术培训和经验交流，培养监测技术人员。并在此基础上，在全国设置11个大气背景点、3个城市背景点、2个海岸线背景点和2个湖泊背景点进行环境介质中POPs污染常规监测，并按照公约第16条的规定，完成履约成效评估监测工作。

在POPs监管方面，在全国范围内针对环境执法人员，开展杀虫剂类POPs监管执法检查培训，开展监督执法检查，提高中央以及地方的环境监督执法能力。

（3）加大科技支撑研发力度

自签署公约以来，环境保护部从多个角度为POPs的污染防治与监督管理提供了技术支撑服务，开展了生活垃圾处置、有色金属再生、钢铁生产和化工生产重点行业二噁英减排最佳实用技术和最佳环境实践（BAT/BEP）技术调查和评估，探索二噁英减排技术路线。

在国家科技支撑计划、国家高技术研究发展计划（863计划）、国家重点基础研究发展计划（973计划）等主要科技计划的大力支持下，在POPs迁移转化行为、暴露影响评估、监测技术、POPs替代品和替代技术开发、POPs废物处理处置、二噁英减排技术等领域支持开展了一批研究项目，研发出十多项具有自主知识产权的替代技术。

2011年，环境保护对外合作中心依托清华大学国际技术转移体系、斯德哥尔摩公约区域中心与联合国工业发展组织联合建立了POPs履约技术转移促进中心（TTPC），TTPC旨在开展技术评估、推广、培训和咨询等服务，推动POPs削减控制和替代等关键领域的技术转移，加强技术供需双方的信息交流合作，推动行业绿色升级和改造。

2.2.2.4 开展宣传和教育

为提高社会各界对于履约意识和对于POPs污染防治工作的重视，组织不同阶段、针对不同受众，通过广播、电视、报纸、网站和微信等传媒手段开展了大量履约宣传和专题活动，广泛宣传了POPs知识和履约工作取得的进展和成果，提高社会各界对于POPs的认知程度；编制出版了针对政府管理者、大中小学教师和学生的培训教材以及读物，在大中小学开展示范课程建设，将POPs履约和污染防治内容纳入校园教育体系。

同时，利用缔约方大会、履约技术国际交流会等国际交流机会，向国际社会广泛宣传中国履约成效，树立负责任大国形象。

2.2.2.5 开展持久性有机污染物削减淘汰项目

《斯德哥尔摩公约》生效以来，我国政府按照《国家实施计划》确定的履约行动措施、履约总体目标和具体控制目标，先后实施了杀虫剂淘汰、二噁英削减、POPs废物和污染地块治理等50多个国际合作履约项目，开展减排活动，POPs削减淘汰取得了实效。

① 在杀虫剂削减淘汰领域，开展了氯丹灭蚁灵替代、用于防污漆生产的滴滴涕替代、三氯杀螨醇生产控制和综合虫害管理（IPM）技术等多个履约示范项目，推动了技术可行、环境友好的替代品的广泛应用，减少了食品安全和环境风险隐患；推动了相关管理政策体系的建立和完善，加强了对POPs生产和应用企业的监管能力。消除每年约450t氯丹灭蚁灵的生产和使用，减少每年250t滴滴涕的生产和使用，淘汰每年2800t的滴滴涕生产产能，减少1350t滴滴涕废物和350t作为杂质的滴滴涕的排放。

② 在多氯联苯处理处置领域，开展了多氯联苯管理与处置示范，对在用含多氯联苯电力装置进行了识别、标识和风险评估，并对其进行了环境无害化管理和处置。引进了国际先进的多氯联苯污染土壤的热脱附处置设施，初步建成了多氯联苯管理体系并提高了其处理处置能力。目前，已完成100余吨含多氯联苯电容器及废物、900余吨含多氯联苯污染土壤清运，及700余吨污染土壤处置。

③ 在POPs废物和污染场地领域，开展废弃杀虫剂类POPs和其他POPs废物环境无害化管理和处置、三氯杀螨醇生产控制和IPM技术示范、水泥窑协同处置技术示范、电子废物处理处置示范、污染场地治

理，完成卫生领域已识别的湖北和河北两省历史遗留的近 4000t 杀虫剂类 POPs 废物，解决了一些历史遗留的 POPs 废物和废弃场地环境隐患，保护了环境安全和人民健康。

④ 在二噁英削减控制领域，通过实施医疗废物可持续环境管理、生活垃圾环境综合管理、再生有色金属和钢铁生产行业 BAT/BEP 示范、制浆造纸企业二噁英减排示范等领域的国际合作项目，成功引进发达国家在二噁英削减控制方面的先进技术，充分借鉴吸收了国际上二噁英减排的成功经验和理念，在完善政策法规、排查重点排放源、减排工程示范和监测能力构建等方面开展了大量工作，有效地控制了二噁英排放的增长趋势，为持续减排打下了良好的基础，主要行业废气二噁英估算排放量变化趋势如图 2-3 所示。

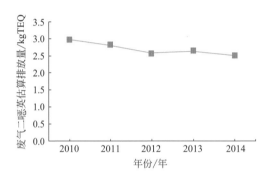

图 2-3　主要行业废气二噁英估算排放量变化趋势图

2.2.3　我国二噁英减排履约工作进展

2.2.3.1　建立完善二噁英管控政策体系

2005 年国务院发布《促进产业结构调整暂行规定》《产业结构调整指导目录（2005 年本）》，将削减和控制二噁英排放的技术开发与应用列为鼓励类产业。

2007 年国务院批准了《国家实施计划》，明确了我国二噁英控制的战略目标和行动计划。

2010 年环境保护部、外交部等 9 部门发布《关于加强二噁英污染防治的指导意见》，为我国二噁英污染防治工作指明了方向，同时指出到2015 年，建立比较完善的二噁英污染防治体系和长效监管机制，重点行业二噁英排放强度降低 10%，基本控制二噁英排放增长趋势。

2011年修订《环境影响评价技术导则总纲》，在生活垃圾焚烧、危险废物处置、医疗废物处置、水泥生产、农药建设等领域将二噁英作为评价指标。

2011年修订《产业结构调整指导目录》，将小型焚烧炉以及再生铝、再生铜、再生锌所用的反射炉，土烧结矿、热烧结矿，30m² 以下烧结机等纳入明确淘汰类；将无元素氯（ECF）和全无氯（TCF）化学纸浆漂白工艺开发及应用纳入鼓励类，限制无元素氯漂白制浆工艺。同时通过新增或修订针对新源的排放标准，促进新源采用最佳可行技术/最佳环境实践（BAT/BEP），以符合环境管理要求。

2013年，环境保护部发布《二噁英污染防治技术政策》（征求意见稿），提出了推行源头削减、过程控制、末端治理、鼓励研发的新技术和运行管理等措施。

2015年，环境保护部发布《重点行业二噁英污染防治技术政策》，将铁矿石烧结、电弧炉炼钢、再生有色金属（铜、铝、铅、锌）生产、废弃物焚烧、制浆造纸、遗体火化和特定有机氯化工产品列为重点行业，并指出到2020年，显著降低铁矿石烧结、废物焚烧等重点行业单位产量（处理量）的二噁英排放强度，有效遏制重点行业二噁英排放总量增长的趋势。

2.2.3.2 加强二噁英污染防治标准建设

在二噁英污染产生的重点领域，推进污染控制标准和排放标准的制/修订，从环境保护需求和污染治理可行技术的角度，提出了不同的二噁英排放限值，我国二噁英污染防治相关标准如表2-4所列。

表2-4 我国二噁英污染防治相关标准

序号	标准名称	标准号	实施时间	关于二噁英的限值规定
1	危险废物焚烧污染控制标准	GB 18484—2001	2001-01-01	大气污染物中二噁英排放浓度：≤ 0.5 ng TEQ/m³
2	城镇污水处理厂污染物排放标准	GB 18918—2002	2003-07-01	二噁英含量 ≤ 100ng TEQ/kg 干污泥（污泥农用）
3	水泥工业大气污染物排放标准	GB 4951—2004	2005-01-01	大气污染物中二噁英排放浓度：≤ 0.1ng TEQ/m³
4	生活垃圾填埋场污染控制标准	GB 16889—2008	2008-07-01	生活垃圾焚烧飞灰和医疗废物焚烧残渣（包括飞灰和底渣）经处理后二噁英浓度 $\leq 3\mu$g TEQ/m³ 可进入生活垃圾填埋场填埋
5	制浆造纸工业水污染物排放标准	GB 3544—2008	2008-08-01	二噁英排放限值为30pg TEQ/L

续表

序号	标准名称	标准号	实施时间	关于二噁英的限值规定
6	炼钢工业大气污染物排放标准	GB 28664—2012	2012-10-01	大气污染物中二噁英排放浓度：现有企业 ≤ 1.0ng TEQ/m³；新建企业 ≤ 0.5ng TEQ/m³，特别排放值为 ≤ 0.5ng TEQ/m³
7	钢铁烧结、球团工业大气污染物排放标准	GB 28662—2012	2012-10-01	大气污染物中二噁英排放浓度：现有企业 ≤ 1.0ng TEQ/m³；新建企业 ≤ 0.5ng TEQ/m³，特别排放值为 ≤ 0.5ng TEQ/m³
8	生活垃圾焚烧污染控制标准	GB 18485—2014	2014-07-01	生活垃圾焚烧炉烟气中二噁英排放浓度 ≤ 0.1ng TEQ/m³ 污泥、一般工业废物专用焚烧炉烟气中二噁英排放浓度 ≤ 0.1ng TEQ/m³（>100t/d）；≤ 0.5ng TEQ/m³（50 ～ 100 t/d）；≤ 1.0ng TEQ/m³（<50t/d）
9	再生铜、铝、铅、锌工业污染物排放标准	GB 31574—2015	2015-07-01	车间或生产设施排气筒废气中二噁英排放浓度 ≤ 0.5ng TEQ/m³
10	火葬场大气污染物排放标准	GB 13801—2015	2015-07-01	单位遗体火化大气污染物中（烟囱）二噁英排放浓度 ≤ 0.5ng TEQ/m³； 遗物祭品焚烧大气污染物排放值（烟囱）为 ≤ 1ng TEQ/m³
11	石油化学工业污染物排放标准	GB 31571—2015	2015-07-01	废水中二噁英排放浓度 ≤ 0.3ng TEQ/L 废气中二噁英排放浓度 ≤ 0.1ng TEQ/m³

2.2.3.3　提升二噁英监测能力

环境保护部（现生态环境部）、卫生部、国家质量监督检验检疫总局等部门和地方政府、大学和科研院所以及企业先后通过不同的投资方式建立了 40 多个二噁英监测分析实验室。部分实验室通过了中国合格评定国家认可委员会（CNAS）的认可，参加了环境保护部组织的二噁英监测比对，正逐步建立二噁英分析检测实验体系，监测能力不断加强。在此基础上，完成了对钢铁烧结、危险废物焚烧、生活垃圾焚烧、再生金属生产等二噁英重点排放源的系统监测和调查，分析了重点排放源的现状及发展趋势，并在重点地区优先开展了排放量、土地负荷、人群影响等分析；修正和完善了重点源的排放因子，为二噁英的动态清单和数据库的建立提供了保证。

此外，在全球环境基金"中国制浆造纸行业二噁英减排示范项目"支持下，建设了 8 个基于报告基因法的二噁英生物筛查实验室，分别设立在四川省环境保护科学研究院检测中心、广西壮族自治区环境监测中心、河南省环境监测中心、湖南省环境监测中心、广东省环境监测中心站、湖北省环境监测中心站、陕西省环境监测中心及宁波市环境监测中心。环境保护部也计划制定发布关于报告基因法的二噁英生物筛查标准，能够大大提高检测效率，降低检测成本。

2.2.3.4 推进二噁英污染控制示范工程

分行业组织开展最佳可行技术和最佳环境实践（BAT/BEP）技术的示范和推广，从医疗废物处置、生活垃圾处置、再生铜冶炼、制浆造纸行业等重点二噁英排放源领域进行二噁英减排示范。

（1）医疗废物可持续环境管理示范项目

联合国工业发展组织（UNIDO）和环境保护部环境保护对外合作中心（以下简称对外合作中心）联合组织实施的全球环境基金（GEF）中国医疗废物可持续环境管理项目自2008年启动实施，项目根据医疗废物产生、分类、包装、收运、处理和处置等全生命周期管理需求，支持医疗机构开展医疗废物分类及减量示范，开展6种医疗废物处置（BAT/BEP）技术示范和推广（见图2-4），建立行业推广激励机制，提升管理和技术能力，最大限度避免和减少医疗废物处置过程中产生的二噁英或无意生产的POPs和其他特征污染物的排放。

图2-4 医疗废物处置（BAT/BEP）技术示范和推广

（2）制浆造纸行业二噁英减排项目

2012年环境保护部对外合作中心与世界银行联合启动实施了"GEF

中国制浆造纸行业二噁英减排项目"，该项目主要通过开展针对蔗渣浆、草浆、竹浆和苇浆4种典型非木浆制浆造纸企业 BAT/BEP 示范改造，编制造纸行业二噁英减排的长期行动计划，开展能力加强活动，推动行业对 BAT/BEP 相关技术的应用和推广。通过项目的实施，将推动造纸行业全行业 BAT/BEP 普及，减少制浆造纸行业二噁英的产生和排放，制浆造纸行业 BAT/BEP 技术示范和推广如图 2-5 所示。

图 2-5 制浆造纸行业 BAT/BEP 技术示范和推广

（3）生活垃圾综合环境管理项目

环境保护部对外合作中心与世界银行合作，自 2011 年启动实施了"GEF 中国生活垃圾环境管理项目"，针对城市生活垃圾焚烧开展 BAT/BEP 示范，提高城市生活垃圾高标准管理和无害化处置的能力，改善城市生活垃圾管理处置现状，避免和减少二噁英类持久性有机污染物和其他污染物的产生和排放，生活垃圾处置 BAT/BEP 技术示范和推广如图 2-6 所示。

（4）再生铜冶炼行业无意产生类 POPs 减排示范项目

2014 年，环境保护部对外合作中心与联合国开发计划署（UNDP）共同组织实施了"再生铜冶炼行业无意产生类 POPs 减排示范项目"（见图 2-7）。项目将选取典型企业开展 BAT/BEP 示范，通过开展政策标准完善、监管能力提高及园区管理示范、宣传推广等活动，以点带面，推动再生铜行业二噁英、多氯萘、六氯苯等 POPs 与其他常规污染物的协同减排。

图 2-6 生活垃圾处置 BAT/BEP 技术示范和推广

图 2-7 再生铜冶炼行业 BAT/BEP 技术示范和推广

参考文献

[1] www.pops.int United Nations Environment Programme.

[2] http://www.court.gov.cn/fabu-xiangqing-33781.html 最高人民法院 最高人民检察院关于办理环境污染刑事案件适用法律若干问题的解释.

[3] http://www.zhb.gov.cn/gzfw_13107/zcfg/fl/201605/t20160522_343394.shtml 中华人民共和国大气污染防治法（主席令第三十一号）.

[4] 国家履行斯德哥尔摩公约工作协调组办公室.中华人民共和国履行〈关于持久性有机污染

物的斯德哥尔摩公约〉国家实施计划 [M]. 北京：中国环境科学出版社，2008.

[5] http://www.zhb.gov.cn/gkml/hbb/bgg/200910/t20091022_174552.htm 关于禁止生产、流通、使用和进出口滴滴涕、氯丹、灭蚁灵及六氯苯的公告.

[6] http://www.zhb.gov.cn/gkml/hbb/bwj/201011/t20101104_197138.htm 关于加强二噁（噁）英污染防治的指导意见.

[7] http://www.gov.cn/gzdt/att/att/site1/20110426/001e3741a2cc0f20bacd01.pdf 产业结构调整指导目录（2011 年本）.

[8] http://www.zhb.gov.cn/gkml/hbb/bgg/201404/t20140401_270007.htm 关于《关于持久性有机污染物的斯德哥尔摩公约》新增列九种持久性有机污染物的《关于附件 A、附件 B 和附件 C 修正案》和新增列硫丹的《关于附件 A 修正案》生效的公告.

[9] http://www.zhb.gov.cn/gkml/hbb/bgg/201612/t20161228_378327.htm 关于《〈关于持久性有机污染物的斯德哥尔摩公约〉新增列六溴环十二烷修正案》生效的公告.

[10] http://www.zhb.gov.cn/gkml/hbb/bgg/201512/t20151228_320552.htm 关于发布《重点行业二噁英污染防治技术政策》等 5 份指导性文件的公告.

[11] GB 11607—1989 渔业水质标准.

[12] CJ 3020—1993 生活饮用水水源水质标准.

[13] GB/T 14848—2017 地下水环境质量标准.

[14] GB 3097—1997 海水水质标准.

[15] GB 3838—2002 地表水环境质量标准.

[16] GB 5749—2006 生活饮用水卫生标准.

[17] GB 18668—2002 海洋沉积物质量.

[18] GB 15618—1995 土壤环境质量标准.

[19] HJ/T 176—2005 危险废物集中焚烧处置工程建设技术规范.

[20] HJ/T 177—2005 医疗废物集中焚烧处置工程建设技术规范.

[21] HJ/T 365—2007 危险废物（含医疗废物）焚烧处置设施二噁英排放监测技术规范.

[22] HJ 561—2010 危险废物（含医疗废物）焚烧处置设施性能测试技术规范.

[23] HJ 2020—2012 袋式除尘工程通用技术规范.

[24] HJ 2035—2013 固体废物处理处置工程技术导则.

[25] HJ 2037—2013 含多氯联苯废物焚烧处置工程技术规范.

[26] GB 18484—2001 危险废物焚烧污染控制标准.

[27] GB 18918—2002 城镇污水处理厂污染物排放标准.

[28] GB 4951—2004 水泥工业大气污染物排放标准.

[29] GB 16889—2008 生活垃圾填埋场污染控制标准.

[30] GB 3544—2008 制浆造纸工业水污染物排放标准.

[31] GB 28664—2012 炼钢工业大气污染物排放标准.

[32] GB 28662—2012 钢铁烧结、球团工业大气污染物排放标准.

[33] GB 18485—2014 生活垃圾焚烧污染控制标准.

[34] GB 31574—2015 再生铜、铝、铅、锌工业污染物排放标准.

[35] GB 13801—2015 火葬场大气污染物排放标准.

[36] GB 31571—2015 石油化学工业污染物排放标准.

第3章

制浆造纸行业二噁英排放情况

3.1 我国制浆造纸行业发展现状

据中国造纸协会调查资料显示，2014 年全国纸浆生产总量 $7.906 \times 10^7 t$，同比增长 3.33%。表 3-1 显示：木浆 $9.62 \times 10^6 t$，比例占 12.2%；废纸浆 $6.189 \times 10^7 t$，比例占 78.3%；非木浆 $7.55 \times 10^6 t$，比例占 9.5%。

表 3-1　2005 ～ 2014 年纸浆生产情况　　　　单位：$10^4 t$

品种＼年份/年		2005	2006	2007	2008	2009	2010	2011	2012	2013	2014
纸浆合计		4441	5196	5924	6415	6733	7318	7723	7867	7651	7906
木浆		371	526	605	679	560	716	823	810	882	962
废纸浆		2810	3380	4017	4439	4997	5305	5660	5983	5940	6189
非木浆	非木浆总计	1260	1290	1302	1297	1176	1297	1240	1074	829	755
	苇浆	138	144	144	150	144	156	158	143	126	113
	蔗渣浆	63	74	90	97	98	117	121	90	97	111
	竹浆	86	95	120	146	161	194	192	175	137	154
	稻麦草浆	929	908	849	808	676	719	660	592	401	336
	其他浆	44	69	99	97	97	111	109	74	68	41

2014 年全国纸浆消耗总量 $9.484 \times 10^7 t$。木浆 $2.54 \times 10^7 t$，占纸浆消耗总量的 27%，其中进口木浆占 17%、国产木浆占 10%；废纸浆 $6.189 \times 10^7 t$，占纸浆消耗总量的 65%，其中进口废纸浆占 24%、国产废纸浆占 41%；非木浆 $7.55 \times 10^6 t$，占纸浆消耗总量的 8%，其中稻麦草浆占 3.5%、竹浆占 1.6%、苇（荻）浆占 1.2%、蔗渣浆占 1.2%、其他非木浆占 0.4%（见表 3-2）。

表 3-2　2013 ～ 2014 年纸浆消耗情况

品种	2013 年纸浆消耗情况 / ×10⁴t	占比 /%	2014 年纸浆消耗情况 / ×10⁴t	占比 /%	同比增长率 /%
总量	9147	100	9484	100	3.68
木浆	2378	26	2540	27	6.81
其中：进口木浆	1505[①]	16	1588[②]	17	5.51
废纸浆	5940	65	6189	65	4.19
其中：进口废纸浆	2379	26	2243	24	−5.72
非木浆	829	9	755	8	−8.93

① 2013 年进口木浆 1.685×10^7t，扣除溶解浆 1.8×10^6t，实际消耗量 1.505×10^7t。

② 2014 年进口木浆 1.797×10^7t，扣除溶解浆 2.09×10^6t，实际消耗量 1.588×10^7t。

以上数字表明，全国纸浆消费总量随着纸及纸板的增长呈增加趋势。纸浆结构中，非木浆比例继续呈明显下降趋势，废纸浆比例增幅加大，支撑着纸浆结构的调整。

2014 年全国规模以上造纸生产企业共 2962 家，全年主营业务收入 7879 亿元。在纸及纸板生产布局与集中度方面，2014 年我国东部地区 12 个省份纸及纸板产量占全国纸及纸板产量的 77.3%；中部地区 9 个省份占比 16%；西部地区 10 个省份占比 6.7%。2014 年木浆产量超过 1.0×10^6t 的生产企业包括：山东晨鸣纸业集团股份有限公司（1.78×10^6t）、亚太森博（山东）浆纸有限公司（1.7×10^6t）、海南金海浆纸业有限公司（1.43×10^6t）。

我国漂白化学纸浆生产情况：根据中国造纸协会 2014 年对各类漂白纸浆生产量的调查，在纸浆总量中，化学机械木浆 4.6×10^6t，全部为未漂或 TCF 漂白；漂白化学纸浆 1.139×10^7t，其中，化学木浆、竹浆、蔗渣浆、苇浆中采用 ECF 漂白的纸浆产量为 6.608×10^6t，占漂白化学纸浆的 58%，漂白草浆基本为含氯漂白，只有 5×10^4t ECF 漂白草浆。含氯漂白草浆 2.61×10^6t、含氯漂白竹浆 4.1×10^5t、含氯漂白苇浆 7.85×10^5t、含氯漂白蔗渣浆 5.7×10^5t，共计 4.37×10^6t，占漂白纸浆量的 38.4%。

3.2　行业二噁英排放情况

3.2.1　制浆造纸行业二噁英主要来源

自从 20 世纪 80 年代初在瑞典第一次发现漂白废水中含有二噁英后，

美国环保局也在一些造纸厂下游河中的鱼体内检测出二噁英类污染物。加拿大、日本等国家也相继证实了造纸工业是二噁英类污染物的一个来源。

造纸工业的 PCDD/Fs 主要来自制浆造纸的纸浆氯化漂白过程，其形成途径大致有以下 2 种。

（1）造纸原材料带入

制浆造纸的原材料植物纤维中通常均含有少量的 PCDD/Fs，在造纸生产过程中进入废水或污泥。另外，对于废纸制浆而言，回收的废纸中的二噁英也成了再生纸二噁英的主要来源。

中国制浆造纸研究院的研究数据表明：在各种木材和废木材制浆原料中都含有一定量的 AOX（Absorbable Organic Halogen 的缩写，氟化物除外的可吸收有机卤化物，二噁英属于其中的一类物质）。从表 3-3 中可以看出，木材原料中 AOX 含量为 2～16mg/kg，其中马尾松、思茅松、意大利杨木的 AOX 含量较高，均超过 10mg/kg；樟子松、杨木（某企业）、马褂木的 AOX 含量较低，均低于 3mg/kg。

表 3-3　木材原料中 AOX 含量

类别	原料种类	AOX 含量 /（mg/kg）	备注
针叶木	落叶松	9.37	
	马尾松	11.73	
	樟子松	2.37	
	思茅松	10.97	
阔叶木	杨木 1	9.00	北林
	杨木 2	2.72	某企业
	桉木 1	7.37	某企业
	桉木 2	6.17	云南
	意大利杨木	15.22	
	马褂木	2.91	
	桦木	8.06	
	杂木	9.53	
	竹柳	4.80	

非木材原料中 AOX 含量为 1～120mg/kg，尤以麦草为最高；其次是芦苇；最后是棉短绒（见表 3-4）。

表 3-4　非木材原料中 AOX 含量

原料	AOX 含量 /（mg/kg）	备注
竹子	9.29	四川

续表

原料	AOX 含量 / (mg/kg)	备注
慈竹	11.50	
蔗渣	17.93	
芦苇	64.79	新疆
芦苇	54.34	辽宁
麦草	79.96	河南
麦草	119.96	山东
桑皮	28.95	
红麻秆	19.27	
红麻皮	11.85	
棉秆	36.47	
棉秆皮	11.68	
棉短绒	1.41	

此外，在企业生产过程中使用的外部添加剂，也含有一定量的 AOX（见表 3-5）。

表 3-5　外部添加剂中 AOX 含量

样品	AOX 含量	单位
AKD（烷基烯酮二聚体）	159.35	mg/kg
CPAM（阳离子聚丙烯酰胺）	11.93	mg/kg
阳离子淀粉	200.49	mg/kg
$CaCO_3$	5.10	mg/kg
自来水（实验室）	38.15	μg/L
新鲜水（企业）	88.30	μg/L

（2）造纸含氯漂白

在纸浆氯化漂白过程中，二苯并二噁英（DBD）和二苯并二呋喃（DBF）通过加成、取代、置换等反应过程，最终生成多氯二苯并二噁英（PCDDs）或多氯二苯并呋喃（PCDFs）。可以说，二苯并二噁英（DBD）和二苯并二呋喃（DBF）是 PCDD/Fs 的前驱物，而含氯漂白剂的漂白过程，则是制浆造纸行业二噁英产生的主要来源。

图 3-1 是纸浆含氯漂白中产生二噁英机理。

DBD 和 DBF 的主要来源有以下几种。

① 原料植物纤维中固有的 DBD 和 DBF。

② 由木素在制浆过程中转化成的 DBF。

③ 为降低料浆的泡沫和料浆的脱水性能而添加含有 DBD 和 DBF 的

油基消泡剂。

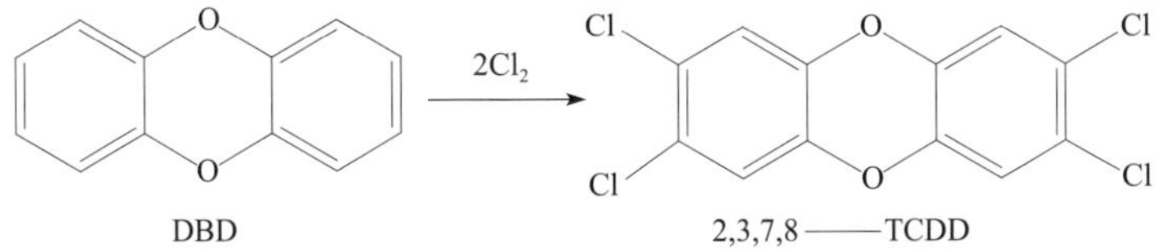

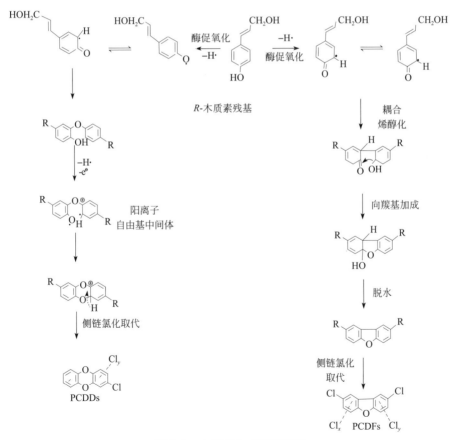

图 3-1　纸浆含氯漂白中产生二噁英机理

其中，木素在制浆过程中经多种反应生成 DBF 是最主要的来源。木素是植物纤维的主要成分，其含量通常为 17%～34%，在漂白化学浆的生产过程中需脱除。木素在氯化漂白过程中经置换、取代、加成等有机反应能生成许多的有机氯化物，其中生成的氯酚类有机物可进一步通过氧化偶联或氯化 / 氧化偶联反应生成 PCDD/Fs，木素产生二噁英机理如图 3-2 所示。

图 3-2　木素产生二噁英机理

3.2.2 制浆造纸行业二噁英释放途径

制浆造纸过程产生的二噁英类POPs向环境中释放的途径包括水体、产品、污泥废渣和大气。

（1）向水体中的释放

制浆造纸是水耗较高的工业，企业的耗水量随着纸厂内部水循环利用率的提高而减少。目前在制浆造纸工业比较发达的国家，典型的制浆造纸企业废水排放量可以控制在 $20 \sim 40m^3/t$ 浆之间。

美国国家环保局1998年的报告中指出，在制浆造纸企业排放的废水中，经检测其向水体中释放二噁英的量在 $3 \sim 210pg$ TEQ/L 之间，其平均值为73pg TEQ/L。对于硫酸盐浆采用传统含氯气漂白方式的企业，经检测其向废水中释放的二噁英的量可达 $4.5\mu g$ TEQ/t 浆。如果在漂白的第一阶段氯气被二氧化氯所取代，其向废水中释放的二噁英量则急剧减少，其中2,3,7,8-TCDD 和 2,3,7,8-TCDF 的量低于 $0.3 \sim 0.9pg$ TEQ/L。

（2）向产品中的释放

制浆造纸企业生产的产品可以被二噁英和呋喃所污染，污染的程度取决于企业在漂白工序中所采用的技术手段。对以木材为原料的采用氯气漂白的纸浆和产品来说，目前已证实二噁英和呋喃的含量较高。测试结果表明，对于生活用纸（包括纸巾、纸袋等）和其他消费用纸，其POPs含量约为 $8\mu g$ TEQ/t。

采用ECF（无元素氯漂白）漂白的纸浆，如果进入漂白段纸浆的硬度过高或采用的二氧化氯的纯度过低，都可能使产生的二噁英和呋喃的含量增加。美国的检测数据表明，漂白后的纸浆中二噁英含量在 $0.6 \sim 200ng$ TEQ/kg 浆之间。相关的研究表明，以废纸为原料的纸浆和纸制品中含有的二噁英大约为 $3 \sim 10\mu g$ TEQ/t，其主要来源于废纸本身。

（3）向污泥废渣中的释放

在制浆造纸工业中，二噁英可通过污泥废渣向环境中释放，主要是废水处理厂产生的污泥。检测结果表明，对于采用氯气漂白工序的制浆造纸企业，其污泥中二噁英含量约为93ng TEQ/kg（范围为 $2 \sim 370ng$ TEQ/kg）。对于采用二氧化氯漂白工序的制浆造纸企业，其污泥中二噁英含量仅约为10ng TEQ/kg。对于采用废纸为原料生产脱墨纸浆的造纸企业，其脱墨污泥中会检测到较高的二噁英含量，范围在 24.9～44.37ng TEQ/kg 之间。

（4）向大气中的释放

向大气中排放二噁英仅发生在制浆厂的碱回收和生物质锅炉工序。对以木材为原料的酸法和碱法制浆企业的测试结果表明，碱回收锅炉释放的烟气流量平均约为 6000～9000m³/t 浆，每立方米烟气约产生二噁英量为 0.41ng TEQ（范围 0.036～1.4ng TEQ）。在加拿大沿海地区对含盐泥的木材制浆厂的测试结果表明，化学品回收锅炉和生物质锅炉向大气中释放二噁英量明显增加。对于非木纤维的黑液锅炉和生物质锅炉还没有获取相关数据。

碱法制浆造纸企业中，需要配备燃烧浓缩黑液的碱回收锅炉。其烟气净化装置通常是旋风分离器、湿法除尘或静电除尘器。经检测其向大气中释放二噁英量平均为 0.07μg TEQ/t 黑液。

美国国家环保局 1998 年的报告中指出，在制浆造纸企业中配备静电除尘器的生物质锅炉，用于燃烧废水处理厂产生的污泥和木材备料和生产中产生的木材碎屑和树皮，其向大气中释放二噁英量的范围为 0.0004～0.118μg TEQ/t 污泥或木材。

3.2.3 制浆造纸行业二噁英排放量

各类漂白纸浆产生量及二噁英排放量估算如表 3-6 所列。

表 3-6 各类漂白纸浆产生量及二噁英排放量估算

项目	产量	水		产品		残余物		合计总量
		排放因子	PCDD/Fs 年排放量	排放因子	PCDD/Fs 年排放量	排放因子	PCDD/Fs 年排放量	
单位	10⁴t/a	μg TEQ/Adt	g TEQ/a	μg TEQ/Adt	g TEQ/a	μg TEQ/Adt	g TEQ/a	g TEQ/a
采用 Cl₂ 漂白的硫酸盐纸浆	437.5	4.5	19.69	10	43.75	4.5	19.69	83.13
ECF 漂白纸浆	649.8	0.06	0.39	0.5	3.25	0.2	1.30	4.94
TCF 漂白纸浆	481	ND	0	0.1	0.48	ND	0	0.48
合计			20.08		47.48		20.99	88.54

注：ND 表示未检出。

2014年，我国 9.62×10^6 t 国产木浆产品的漂白工艺为 ECF 和 TCF，各约占50%；1.13×10^6 t 芦苇浆中包括了 7.85×10^5 t CEH 漂白浆和 2.0×10^5 t ECF 漂白浆；1.11×10^6 t 蔗渣浆中包括了 5.7×10^5 t CEH 漂白浆和 4.9×10^5 t ECF 漂白浆；1.54×10^6 t 竹浆中包括了 4.1×10^5 t CEH 漂白浆和 9.48×10^5 t ECF 漂白浆；3.36×10^6 t 稻麦草浆中包括了 2.61×10^6 t CEH 漂白浆和 5×10^4 t ECF 漂白浆，此外还有 4.1×10^5 t 其他纸浆。根据2013年联合国发布的"二噁英和呋喃排放识别和量化标准工具包"中设定的 CEH、ECF 和 TCF 漂白工艺的二噁英排放因子测算，制浆造纸过程共向水环境排放二噁英为 20.08g TEQ，向产品中排放二噁英为 47.48g TEQ，向残渣中排放二噁英为 20.99g TEQ（见表3-6）。

3.3　行业主要 BAT/BEP 措施的原理

3.3.1　二噁英的消除机理

从"3.2.1 制浆造纸行业二噁英主要来源"可以看出，在化学纸浆漂白中产生的主要为 2,3,7,8- 四氯二苯并对二噁英（2,3,7,8-TCDD）和 2,3,7,8- 四氯二苯并二呋喃（2,3,7,8-TCDF），是由前驱物二苯并二噁英（DBD）和二苯并二呋喃（DBF）通过氯元素的加成、取代、置换等反应过程最终生成。因此，要想减少或消除 2,3,7,8-TCDD 和 2,3,7,8-TCDF，必须关注元素氯或可生成元素氯的化合物，以及前驱物 DBD 和 DBF。

首先，减少和消除使用元素氯或可生成元素氯的化合物，可以消除二噁英和呋喃的形成。20世纪80年代中期，研究者发现在利用氯或次氯酸盐进行漂白的过程中会产生二噁英和呋喃，这带动了关于如何减少或消除它们的广泛研究。

为避免漂白过程中 2,3,7,8-TCDD 和 2,3,7,8-TCDF 的生成，可采用全程无氯漂白法，而要实现有效消除，则需减少漂白第一阶段的氯用量。这可以通过加强氯化前的清洗（使用氧气和过氧化物强化萃取步骤，以及二氧化氯替代）以减少原子氯倍数来完成。图3-3表明增加二氧化氯的替代可减少 2,3,7,8-TCDF 的形成。当二氧化氯的替代程度超过85%时，可基本消除 2,3,7,8-TCDF 和 2,3,7,8-TCDD。

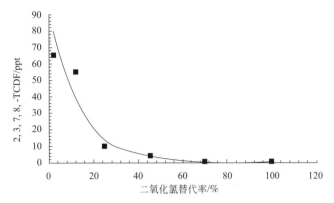

图 3-3 增加二氧化氯替代率消除 2,3,7,8-TCDF 示意

图 3-4 表明了活性氯倍数和 ClO$_2$ 替代水平对 2,3,7,8-TCDF 形成的影响关系。在高活性氯倍数和低 ClO$_2$ 替代的条件下，二噁英生成水平是变化的，与未漂浆中的 DBD 浓度有关。

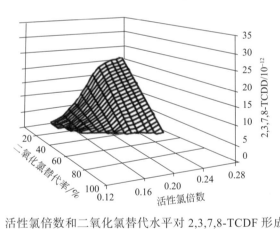

图 3-4 活性氯倍数和二氧化氯替代水平对 2,3,7,8-TCDF 形成的影响

二氧化氯可以完全代替元素氯进行漂白，即无元素氯漂白。在这种工艺中，通常二氧化氯是主要的漂白剂。二氧化氯之所以可以在漂白工序的第一阶段代替元素氯，是因为二氧化氯中的氯原子的氧化能力是元素氯的5倍，并且同样具有对木素的选择去除特性。在进入漂白工段前进行氧脱木素，可在二氧化氯漂白步骤前减少纸浆中的木素含量。漂白工段中引入过氧化氢和氧气，以及采用氧气和过氧化氢增强的碱抽提工艺可以增强漂白的效果。二氧化氯的使用可以减少氯代有机物质的产生并且可以消除二噁英和呋喃的形成。使用二氧化氯替代元素氯作为漂白剂的工艺时，需要对原有的漂白工段进行改造并扩建现场二氧化氯发生装置。

其次，减少或消除含有 DBD 和 DBF 的油基消泡剂的使用，也可以消除二噁英和呋喃的形成。Allen 等测试了 3 种商用粗浆消泡剂在未漂白纸浆的氯化过程中对四氯二苯并二噁英和四氯二苯并呋喃形成的可能影响，这些消泡剂被混入实验室准备好的从未使用消泡剂的粗浆样品中。由表 3-7 可以看出，使用 3 种消泡剂的粗浆在氯化作用后，四氯二苯并二噁英（TCDD）和四氯二苯并呋喃（TCDF）含量显著提高，结果表明油基消泡剂可能是四氯二苯并二噁英和四氯二苯并呋喃形成的原因。

表 3-7　消泡剂对粗浆氯化过程中 TCDD 和 TCDF 形成的影响

实验序号	制浆添加剂	氯化后浆中检测到的 2,3,7,8-TCDD/ppt	氯化后浆中检测到的 2,3,7,8-TCDF/ppt
1	无	11	160
2	1%油基消泡剂 A（原油基）	110	910
3	1%油基消泡剂 B（来自加拿大制浆厂）	81	280
4	1%油基消泡剂 C（回收油基）	140	1200
5	1%油基消泡剂 C（使用后的回收油）	170	1400

3.3.2　主要 BAT/BEP 措施

通过世界各国近 20 年的探索和实践，历史研究项目和文献表明，木材和非木材漂白过程中，最大限度削减甚至消除二噁英生成的主要最佳可行技术及最佳环境实践如下。

① 减少氯倍数或增加二氧化氯的替代量从而减少元素氯的使用。

② 使用二氧化氯进行漂白（无元素氯漂白，ECF）或使用全无氯漂白（TCF）以消除元素氯。

③ 使用不含苯并二噁英（DBD）和苯并呋喃（DBF）的消泡剂。

④ 采用深度脱木素技术，减少进入漂白车间的残余木素量。

⑤ 采用更有效的纸浆洗涤方式。

⑥ 最大化去除节子和提高粗浆洗净度以减少氯倍数。

⑦ 不使用被多氯苯酚污染的木材或非木原料生产纸浆。

参考文献

[1] 中国造纸协会.中国造纸工业 2014 年度报告 [J].纸和造纸，2015,34(6)：16-27.

[2]　卓志国、张安龙.制浆造纸工业二噁英类持久性有机污染物控制和减排研究 [J] .湖南造纸，2008，(3): 33-35.

[3]　龙燕，丁园.二噁英（PCDD/Fs）的形成途径与控制措施 [J] .有色冶金设计与研究，2009,30(6): 1-5.

[4]　孙学成.我国造纸工业二噁英类持久性有机污染物的研究进展 [J] .中国造纸，2010,29(9): 56-60.

[5]　UNEP-TOOLKIT-for Identification and Quantification of Releases of Dioxins, Furans and Other Unintentional POPs. 2013

[6]　Berry R M, Flemming B I, Voss R H,et al. Toward preventing the formation of dioxins during chemical pulp bleaching [J] . Pulp and Paper Canada, 1989,90(8): 48-58.

[7]　Tana J., Lehtinen K J. The aquatic environmental impact of pulping and bleaching operations : An Overview [J] . Finnish Environment Agency (SYKE),1996.

[8]　Allen L H, Berry R M,Fleming B I,et al. Evidence that oil-based additives are an indirect source of the TCDD and TCDF produced in kraft bleach plants [J] . Chemosphere. 1989,19(1): 741-744.

第二篇
管理篇

第4章

我国制浆造纸行业二噁英污染防治相关政策法规及技术标准

近年来，我国出台了一系列与二噁英污染防治相关的政策、法规、标准、技术等，如表4-1所列，并将与二噁英防治的相关内容进行梳理。

表4-1 二噁英污染防治相关政策、法规、标准、技术

序号	相关政策、法规、标准	颁布单位、实施时间	二噁英防治的相关内容
1	《制浆造纸工业水污染物排放标准》(GB 3544—2008)	环境保护部（2008年）	制定了制浆造纸企业或生产设施水污染物排放限值，对AOX和二噁英都提出了具体的限值要求
2	《关于加强二噁英污染防治的指导意见》	环境保护部、外交部、国家发展和改革委员会、科学技术部、工业和信息化部、财政部、住房和城乡建设部、商务部和国家质量监督检验检疫总局（2010年）	在优化产业结构、建立完善二噁英污染防治长效机制、加强技术研发和示范推广等方面提出了详细的要求
3	《制浆造纸行业现场环境监察指南（试行）》	环境保护部（2010年）	对于不同的制浆工艺分别提出了AOX监察要点及判定方法
4	《产业结构调整指导目录》(2011年本)(2013年修正)	国家发展和改革委员会（2013年）	提出了鼓励类的相关要求（工艺、设备）；对制浆项目提出了限制类的相关要求
5	《中华人民共和国环境保护法》	中华人民共和国主席令第九号（2014年）	从宏观层面提出保护和改善环境、防治污染的措施
6	《国务院关于印发水污染防治行动计划的通知》(国发〔2015〕17号)	国务院（2015年）	从宏观层面提出保护和改善水环境、防治污染的措施
7	《重点行业二噁英污染防治技术政策》	环境保护部（2015年）	对制浆造纸行业的二噁英污染防治技术政策提出了明确要求

续表

序号	相关政策、法规、标准	颁布单位、实施时间	二噁英防治的相关内容
8	《国务院关于印发"十三五"节能减排综合工作方案的通知》（国发〔2016〕74号）	国务院（2016年）	对一些落后企业提出退出、限期整治、搬迁改造或关闭等宏观要求
9	《制浆造纸行业清洁生产评价指标体系》	国家发展和改革委员会、环境保护部、工信部（2015年）	对漂白硫酸盐木（竹）浆、漂白化学非木浆中的AOX提出了具体的限值要求
10	《制浆造纸厂设计规范》	住房城乡建设部（2015年）	对漂白工艺工程设计提出了具体的要求
11	《关于开展火电、造纸行业和京津冀试点城市高架源排污许可证管理工作的通知》（环水体〔2016〕189号）	环境保护部（2016年）	附件"造纸行业排污许可证申请与核发技术规范"中对申请的污染因子进行了规定，包括可吸附有机卤素（AOX）、二噁英
12	《"十三五"生态环境保护规划》（国发〔2016〕65号）	国务院（2016年）	力争完成纸浆无元素氯漂白改造或采取其他低污染制浆技术，完善中段水生化处理工艺，增加深度治理工艺，进一步完善中控系统
13	《关于实施工业污染源全面达标排放计划的通知》（环监〔2016〕172号）	环境保护部（2016年）	到2017年年底，造纸等8个行业达标计划实施取得明显成效，污染物排放标准体系和环境监管机制进一步完善
14	《轻工业发展规划》（2016～2020年）	工信部（2016年）	提出强化轻工基础能力，强化造纸行业的关键共性技术研发与产业化工程
15	《造纸行业排污许可证申请与核发技术规范》	环境保护部（2017年）	对造纸行业排污许可证的申请与核发提出技术规范
16	《造纸工业污染防治技术政策》（环境保护部公告2017年第35号）	环境保护部（2017年）	从生产过程污染防控、大气污染治理、鼓励研发的新技术等方面对二噁英进行污染防治
17	《造纸行业污染防治最佳可行技术指南（征求意见稿)》	环境保护部（2017年）	本标准明确了造纸行业工艺过程污染预防、污染治理、资源综合利用等方面的最佳可行技术

　　通过对各文件与二噁英污染防治相关内容的梳理，结合各类文件与二噁英的相关程度，《制浆造纸工业水污染物排放标准》（GB 3544—2008）《关于加强二噁英污染防治的指导意见》《重点行业二噁英污染防治技术政策》《造纸行业排污许可证申请与核发技术规范》《造纸工业污染防治技术政策》等文件与二噁英污染的防治密切相关，下文将对这些政

策文件、技术标准和技术文件分别进行介绍。

4.1　政策文件

4.1.1　造纸工业污染防治技术政策

2017 年环境保护部发布了《造纸工业污染防治技术政策》。该技术政策介绍了造纸工业污染防治可采取的技术路线和技术方法，包括生产过程污染防控、污染治理及综合利用、二次污染防治和鼓励研发的新技术等方面的内容。

制浆造纸行业二噁英的控制措施主要是漂白工艺的改造和加强二噁英的末端治理，具体内容见表 4-2。

表 4-2　《造纸工业污染防治技术政策》中二噁英污染防治技术要求

序号	途径	内容
1	生产过程污染防控	（1）化学制浆宜采用低能耗置换蒸煮和氧脱木素技术； （2）鼓励企业对元素氯漂白工艺进行改造，采用无元素氯（ECF）漂白或全无氯（TCF）漂白技术
2	大气污染治理	（1）漂白工段产生的废气应洗涤处理； （2）锅炉、碱回收炉、石灰窑炉和焚烧炉应安装高效除尘设备及采用其他环保处理措施实现颗粒物、烟尘、氮氧化物、二氧化硫、汞及其化合物和二噁英等污染物达标排放
3	鼓励研发的新技术	（1）化学制浆全无氯漂白新技术； （2）碱回收炉大气污染物减排技术

4.1.2　关于加强二噁英污染防治的指导意见

2010 年 10 月，环境保护部、外交部、国家发展和改革委员会、科学技术部、工业和信息化部、财政部、住房和城乡建设部、商务部和国家质量监督检验检疫总局联合发布了《关于加强二噁英污染防治的指导意见》（环发〔2010〕123 号）。在优化产业结构、建立完善二噁英污染防治长效机制、加强技术研发和示范推广等方面提出了详细的要求。

4.1.2.1　优化产业结构

（1）淘汰落后产能

严格落实《国务院关于进一步加强淘汰落后产能工作的通知》（国发

〔2010〕7 号），加大落后产能淘汰力度，加速淘汰二噁英污染严重、削减和控制无经济可行性的落后产能。

（2）严格环境准入条件

进一步完善环境影响评价制度，在审批建设项目环境影响评价文件时要充分考虑二噁英削减和控制要求，将二噁英作为主要特征污染物逐步纳入有关行业的环境影响评价中。加强新建、改建、扩建项目竣工环境保护验收中二噁英排放监测，确保按要求达标排放，从源头控制二噁英产生。在京津冀、长江三角洲、珠江三角洲等重点区域开展二噁英排放总量控制试点工作。

（3）实施清洁生产审核

清洁生产主管部门和环境保护部门应将二噁英削减和控制作为清洁生产的重要内容，完善清洁生产标准体系，全面推行清洁生产审核，鼓励采用有利于二噁英削减和控制的工艺技术和防控措施。每年年底前，各省级环保部门依法公布应当开展强制性清洁生产审核的二噁英重点排放源企业名单。二噁英重点排放源企业应依法实施清洁生产审核，积极落实审核方案，采取削减和控制措施，开展清洁生产审核的间隔时间不得超过 5 年，并依法将审核结果向环境保护部门和清洁生产主管部门报告。各级环保部门要加强监督检查，对不实施清洁生产审核或者虽经审核但不如实报告审核结果的，责令限期改正，对拒不改正的企业加大处罚力度。2011 年 6 月底前，重点行业所有排放废气装置必须配套建设高效除尘设施。

4.1.2.2　建立完善二噁英污染防治长效机制

（1）严格环境监管

加强对二噁英重点排放源的监督性监测和监管核查，对未按规定和要求实施控制措施的排放源，限期整改。所在地环保部门应对废弃物焚烧装置排放情况每 2 个月开展一次监督性监测，对二噁英的监督性监测应至少每年开展一次。不符合产业政策的重污染企业应报请当地政府取缔关闭；超标排污企业应依法责令限期治理并处罚款；逾期未完成治理任务的企业，应提请当地政府关闭；存在环境安全隐患的企业，应责令改正。加强对废弃物产生单位的环境保护监管力度，促使有关单位和企业及时将危险废弃物交由有资质的处置单位进行规范的无害化处置。各级环保部门应全面掌握污染源的基本情况，建立健全各类重点污染源档案和污染源信息数据库，完善重点排放源二噁英排放清单。加强二噁英监测能力建设，完善二噁英监测制度，配齐监测装置，加强人员培训，切实提高二噁英监测技术水平，满足监管核查需要。

（2）健全排放源动态监控和数据上报机制

完善二噁英排放申报登记和信息上报制度。排放二噁英的企业和单位应至少每年开展一次二噁英排放监测，并将数据上报地方环保部门备案。各级环保部门应逐步开展环境介质二噁英监测工作，重点是排放源周边的敏感区域。建立二噁英排放源动态监控与信息上报系统，分析排放变化情况，对二噁英削减和控制过程及效果进行综合评估。

（3）完善相关环境经济政策

逐步建立促进企业主动削减的经济政策体系，鼓励企业采用有利于二噁英削减的生产方式。对存在较大环境风险的二噁英排放企业，推行环境污染责任保险制度。通过合理的经济补偿和政策引导，加快二噁英污染严重的企业有序退出。

4.1.2.3　加强技术研发和示范推广

（1）加强技术标准体系建设

建立健全防治二噁英污染的强制性技术规范体系，加强强制性标准推广。加强对相关技术标准的更新管理，逐步提高保护水平。鼓励地方、行业及企业制定和实施严于国家强制性要求的标准和措施。制定重点行业二噁英削减和控制技术政策，推广最佳可行污染防治工艺和技术。

（2）大力推动二噁英削减和控制关键技术研发和工程示范

有关科技发展计划应将预防、减少和控制二噁英产生的替代工艺、替代技术，以及过程优化、尾气净化技术和设备等列为重点，加大研发和工程示范力度。鼓励企业与高等学校、科研机构等合作，加强二噁英削减关键技术联合攻关。

4.1.3　产业结构调整指导目录

2013年国家发展和改革委员会发布了《产业结构调整指导目录》（2011年本）（修正），对制浆造纸"鼓励类""限制类""淘汰类"项目进行汇总，见表 4-3。

表 4-3　国家《产业结构调整指导目录》中制浆造纸相关产业政策

类别	工艺、设备	制浆项目	造纸项目
鼓励类	（1）先进制浆、造纸设备开发与制造；（2）无元素氯（ECF）和全无氯（TCF）化学纸浆漂白工艺开发及应用	采用清洁生产工艺、以非木纤维为原料、单条 1.0×10^5 t/a 及以上的纸浆生产线建设	单条化学木浆 3.0×10^5 t/a 及以上、化学机械木浆 1.0×10^5 t/a 及以上、化学竹浆 1.0×10^5 t/a 及以上的林纸一体化生产线及相应配套的纸及纸板生产线（新闻纸、铜版纸除外）建设
限制类	—	（1）新建单条化学木浆 3.0×10^5 t/a 以下、化学机械木浆 1.0×10^5 t/a 以下、化学竹浆 1.0×10^5 t/a 以下的生产线；（2）元素氯漂白制浆工艺。	—
淘汰类	—	5.1×10^4 t/a 以下的化学木浆生产线，单条 3.4×10^4 t/a 以下的非木浆生产线，单条 1×10^4 t/a 及以下、以废纸为原料的制浆生产线	幅宽在 1.76m 及以下并且车速为 120m/min 以下的文化纸生产线，幅宽在 2m 及以下并且车速为 80m/min 以下的白板纸、箱板纸及瓦楞纸生产线

4.1.4　水污染防治行动计划

2015 年国务院印发了《水污染防治行动计划》（国发〔2015〕17 号），在该文件中提出了"全面控制污染物排放、推动经济结构转型升级"等十项要求。与制浆造纸行业相关的要求摘录如下：

4.1.4.1　全面控制污染物排放

（1）狠抓工业污染防治

取缔"十小"企业。全面排查装备水平低、环保设施差的小型工业企业。2016 年年底前，按照水污染防治法律法规要求全部取缔不符合国家产业政策的小型造纸等严重污染水环境的生产项目。

（2）专项整治十大重点行业

制定造纸等行业专项治理方案，实施清洁化改造。新建、改建、扩建上述行业建设项目实行主要污染物排放等量或减量置换。2017 年年底前，造纸行业力争完成纸浆无元素氯漂白改造或采取其他低污染制浆技术。

4.1.4.2　推动经济结构转型升级

（1）调整产业结构

依法淘汰落后产能。自 2015 年起，各地要依据部分工业行业淘汰落后生产工艺装备和产品指导目录、产业结构调整指导目录及相关行业污染物排放标准，结合水质改善要求及产业发展情况，制定并实施分年度的落后产能淘汰方案，报工业和信息化部、环境保护部备案。未完成淘汰任务的地区，暂停审批和核准其相关行业新建项目。

（2）推动污染企业退出

城市建成区内现有造纸等污染较重的企业应有序搬迁改造或依法关闭。

（3）推进循环发展

加强工业水循环利用。鼓励造纸等高耗水企业废水深度处理回用。

4.1.5　重点行业二噁英污染防治技术政策

2015 年环境保护部发布了《重点行业二噁英污染防治技术政策》，该污染防治技术政策介绍了二噁英污染防治可采取的技术路线和技术方法，包括源头削减、过程控制、末端治理、新技术研发等方面的内容。制浆造纸行业作为二噁英排放的重点行业之一，在该污染防治技术政策中对制浆造纸行业的二噁英污染防治技术政策提出了明确要求，具体内容见表 4-4。

表 4-4　《重点行业二噁英污染防治技术政策》制浆造纸行业相关要求

序号	技术政策类别	具体内容
1	总则	（1）二噁英污染防治应遵循全过程控制的原则，加强源头削减和过程控制，积极推进污染物协同减排与专项治理相结合的技术措施，严格执行二噁英污染排放限值要求，减少二噁英的产生和排放。 （2）通过实施本技术政策，到 2020 年，显著降低重点行业单位产量（处理量）的二噁英排放强度，有效遏制重点行业二噁英排放总量增长的趋势
2	过程控制	（1）企业应建立健全日常运行管理制度并严格执行，确保生产和污染治理设施稳定运行；应定期监测二噁英的浓度，并按相关规定公开工况参数及有关二噁英的环境信息，接受社会公众监督。 （2）造纸生产的制浆工艺鼓励采用氧脱木素技术、强化漂前浆洗涤技术；漂白工艺宜采用以二氧化氯为漂白剂的无元素氯漂白技术；鼓励采用过氧化氢、臭氧、过氧硫酸以及生物酶等全无氯漂白技术，减少漂白段二噁英的产生
3	鼓励研发的新技术	化学浆无氯漂白新技术

4.1.6　关于开展火电、造纸行业和京津冀试点城市高架源排污许可证管理工作的通知

2016年环境保护部发布了《关于开展火电、造纸行业和京津冀试点城市高架源排污许可证管理工作的通知》。在该通知中，明确造纸行业排污许可证发放范围为所有制浆企业、造纸企业、浆纸联合企业，以及列入2015年环境统计口径范围内的纸制品企业（其他应当纳入排污许可管理的纸制品企业排污许可证核发工作最迟于2020年前完成）。

4.1.7　轻工业发展规划（2016～2020年）

2016年工业和信息化部发布了《关于印发轻工业发展规划（2016～2020年）的通知》（工信部规〔2016〕241号），该规划主要介绍了轻工业"十三五"发展的指导思想、基本原则和主要目标、重点任务、主要行业发展方向、政策措施、组织实施。制浆造纸行业发展方向见表4-5。

表4-5　制浆造纸行业发展方向

重点方向	重点任务	具体工程	制浆造纸行业发展方向
增强自主创新能力	强化轻工基础能力	关键共性技术研发与产业化工程	造纸纤维原料高效利用技术、高速造纸机高端自动化控制集成技术
		新材料研发及应用工程	高性能无石棉复合密封材料，特种纸基复合材料，车用高性能空气、燃油过滤材料，电气绝缘纸，改性纤维质等生物质新材料
	提升重点装备制造水平	重点装备制造水平提升工程	造纸机械：智能化高速卫生纸机，化机浆高浓盘磨产业化技术，靴式压榨技术
积极推动智能化发展	发展智能产品和装备	智能化发展推进工程	造纸：推进完善DCS控制，质量和运行监控系统、企业节能调度中心、企业信息化管理系统等智能化、信息化和机器人技术等
着力调整产业结构	推进产业组织结构调整	进一步优化企业兼并重组环境，支持造纸等规模效益显著行业企业的战略合作和兼并重组，培育一批核心竞争力强的企业集团，发挥其在产品开发、技术示范、信息扩散和销售网络中的辐射带动作用。以更加严格的安全、环保、质量、能耗、技术等标准，促进造纸等企业依法依规退出落后产能	—

续表

重点方向	重点任务	具体工程	制浆造纸行业发展方向
全面推行绿色制造	加大绿色化改造力度	节能减排技术推广工程——造纸	非木材纤维原料清洁制浆技术、置换蒸煮、氧脱木素、纸浆中高浓筛选与漂白、纸机高效成型、多段逆流洗涤封闭筛选、置换压榨双辊挤浆机、纸机白水多圆盘分级与回用、污泥资源化利用技术
	提高资源综合利用水平	—	在造纸、制革等行业采用清污分流、闭路循环、一水多用等措施，提高水的重复利用率

（1）加大绿色化改造力度

加大造纸等行业节能降耗、减排治污改造力度，利用新技术、新工艺、新材料、新设备推动企业节能减排。以源头削减污染物为切入点，革新传统生产工艺设备，鼓励企业采用先进适用清洁生产工艺技术实施升级改造。加快制定能耗限额标准，树立能耗标杆企业，开展能效对标达标活动，大力推广节能新技术。在食品、造纸等行业引导企业建设能源管理中心，利用信息和管理技术提升企业的节能水平。强化重点行业废水、废气的末端治理，对治污设施实施升级改造，采用成熟、先进的治污技术实现污染物的持续稳定削减。建设统一的绿色产品标准、认证、标识体系。

（2）造纸行业发展方向

推动造纸行业向节能、环保、绿色方向发展。加强造纸纤维原料高效利用技术，高速纸机自动化控制集成技术，清洁生产和资源综合利用技术的研发及应用。重点发展白度适当的文化用纸、未漂白的生活用纸和高档包装用纸和高技术含量的特种纸，增加纸及纸制品的功能、品种和质量。充分利用开发国内外资源，加大国内废纸回收体系建设，提高资源利用效率，降低原料对外依赖过高的风险。

造纸装备重点开发新一代制浆技术和装备，新型高效节能造纸装备以及污染物处理装备，生物质衍生新材料技术和装备，加快智能化、信息化和机器人技术应用。

4.1.8　《"十三五"生态环境保护规划》（国发〔2016〕65号）

2016年，国务院发布了《"十三五"生态环境保护规划》（国发

〔2016〕65号），提出推动治污减排工程建设。各省（区、市）要制定实施造纸、印染等十大重点涉水行业专项治理方案，大幅降低污染物排放强度。电力、钢铁、纺织、造纸、石油石化、化工、食品发酵等高耗水行业达到先进定额标准。

在造纸行业，力争完成纸浆无元素氯漂白改造或采取其他低污染制浆技术，完善中段水生化处理工艺，增加深度治理工艺，进一步完善中控系统。

4.1.9 《关于实施工业污染源全面达标排放计划的通知》(环监〔2016〕172号)

2016年11月，环境保护部发布《关于实施工业污染源全面达标排放计划的通知》，要求到2017年年底，包括造纸等8个行业达标计划实施取得明显成效，污染物排放标准体系和环境监管机制进一步完善，环境守法良好氛围基本形成。

4.2 技术标准

4.2.1 制浆造纸工业水污染物排放标准

2008年环境保护部发布了《制浆造纸工业水污染物排放标准》（GB 3544—2008），该标准制定了制浆造纸企业或生产设施水污染物排放限值，适用于现有制浆造纸企业或生产设施的水污染物排放管理。

现有企业水污染物排放限值见表4-6。

表4-6 现有企业水污染物排放限值

指标值	制浆企业	制浆和造纸联合生产企业	造纸企业	污染物排放监控位置
可吸附有机卤素 AOX/(mg/L)	12	12	12	车间或生产设施废水排放口
二噁英/(pg TEQ/L)	30	30	30	车间或生产设施废水排放口

注：可吸附有机卤素（AOX）和二噁英指标适用于采用含氯漂白工艺的情况。

对于需要执行水污染物特别排放限值的企业，执行的水污染物特别排放限值见表4-7。

表 4-7　水污染物特别排放限值

指标值	制浆企业	制浆和造纸联合生产企业	造纸企业	污染物排放监控位置
可吸附有机卤素 AOX/（mg/L）	8	8	8	车间或生产设施废水排放口
二噁英/（pg TEQ/L）	30	30	30	车间或生产设施废水排放口

注：可吸附有机卤素（AOX）和二噁英指标适用于采用含氯漂白工艺的情况。

由表 4-16、4-17 可以看出，对于二噁英的排放限值，所有企业执行统一的限值为 30pg TEQ/L，排放监控位置要求在车间或生产设施废水排放口。

4.2.2　制浆造纸行业清洁生产评价指标体系

2015 年国家发展和改革委员会、环境保护部、工信部联合发布了《制浆造纸行业清洁生产评价指标体系》，该指标体系介绍了制浆造纸企业清洁生产的一般要求，主要包括 6 类清洁生产指标。

（1）AOX

全称为可吸收有机卤化物，不包括氟化物，只指氯化物、溴化物和碘化物，是造纸行业水体污染的典型代表污染物，该类污染物主要来自含氯漂白工艺。水中的卤化物具有致癌和致突变性，一般不存在于天然水体，是人为污染的标志。

（2）二噁英

其是二噁英类物质的简称，指结构和性质都很相似的包含众多同类物或异构体的两大类有机化合物，是多氯二苯并二噁英（简称 PCDDs）和多氯二苯并呋喃（简称 PCDFs）的合称，其中 PCDDs 有 75 种异构体，PCDFs 有 135 种异构体，在制浆造纸企业中主要来自制浆元素氯漂白工序。

由上述定义可知，AOX 包含二噁英，在该评价指标体系中对漂白硫酸盐木（竹）浆、漂白化学非木浆的 AOX 产生量限值进行了规定，具体限值要求见表 4-8。

表 4-8　清洁生产评价指标项目、权重及基准值

类别	二级指标		单位	Ⅰ级基准值	Ⅱ级基准值	Ⅲ级基准值
漂白硫酸盐木（竹）浆	可吸附有机卤素（AOX）产生量	木浆	kg/Adt	0.2	0.35	0.6
		竹浆		0.3	0.45	0.6
漂白化学非木浆	可吸附有机卤素（AOX）产生量		kg/Adt	0.4	0.6	0.9

4.2.3 制浆造纸厂设计规范

2015年住房城乡建设部发布了《制浆造纸厂设计规范》（GB 51092—2015），主要介绍了制浆造纸厂的工程设计，包括工艺、厂址与总体规划、热能动力、总平面与运输、电气系统、自控仪表、建筑、结构、给水排水、采暖通风与空气调节等内容。其中关于漂白工艺要求汇总见表4-9。

表4-9　漂白工艺要求

序号	来源	内容	条文说明
1	3.1 一般规定	3.1.13 严禁采用元素氯漂白生产工艺（强制性条文）	采用元素氯漂白是指用氯气和次氯酸盐作为漂白化学品的漂白工艺，采用此工艺漂白制浆所产生AOX，在水中的卤化物具有致癌和致突变性，因此必须在设计中禁止采用元素氯漂白工艺。取代的生产工艺根据原料情况，可选择无元素氯漂白（ECF）、轻无元素氯漂白（Light ECF）和全无氯漂白（TCF）工艺。本条文为强制性条文，必须严格执行
2	3.2 工艺技术及设备选择	3.2.3-1（3）漂白工段应包括氧脱木素、漂白、洗涤及漂白用化学品制备等工序。可增加后精选工序。生产本色浆时不应设漂白工段。 3.2.3-10 漂白工艺宜采用多段漂白。 3.2.4-6 漂白化学机械浆宜采用高浓过氧化氢漂白技术。 3.2.5-5 废纸浆应使用过氧化氢漂白或其他还原漂白剂漂白	—
3	13.4 化学制浆	13.4.7 漂白工段宜设置洗涤塔，收集和处理漂白系统洗浆机、滤液槽气体。 13.4.8 多段漂白中的漂白段洗涤液宜回用，减少排放量，酸性和碱性废水宜分道、封闭排放，不宜在车间内部混合。 13.4.9 蒸煮及洗筛、氧脱木素工段的地沟应与漂白系统地沟分开设置，出车间的地沟排水宜有电导监控装置	13.4.8 漂白段洗涤液宜回用至前段pH值属性相同的前段工序的浆料洗涤工序，确保减少漂白工段的用水量和排放。酸、碱性废水应在车间内部混合反应产生泡沫，应封闭排放。 13.4.9 为防止蒸煮及洗涤、氧脱木素系统因事故发生非正常排放，蒸煮及洗选、氧脱木素系统的地沟应与漂白系统地沟分开设置，便于非正常排放的废水送回生产系统。当条件允许时，宜在车间出口处将酸性和碱性废水混合后设置取样口，有利于对AOX的监控和控制

4.3　技术文件

4.3.1　制浆造纸行业现场环境监察指南（试行）

2010 年环境保护部发布了《制浆造纸行业现场环境监察指南》（试行），该指南介绍了制浆造纸行业主要生产工艺、产污节点和治污工艺，分析了现场环境监察的要点，给出了定性检查和定量测算方法，供环境监察人员现场执法参考使用。

本指南适用于各级环境保护行政主管部门的环境监察机构，依照国家有关规定对辖区内制浆造纸企业履行环境保护法律法规、规章制度、各项政策及标准的情况，进行现场监督、检查和处理的活动。

在指南中，又再提产业政策：禁止新上项目采用元素氯漂白工艺。禁止新、改、扩建低档纸及纸板生产项目。新建、扩建制浆项目单条生产线起始规模要求达到：化学木浆年产 3.0×10^5 t、化学机械木浆年产 1.0×10^5 t、化学竹浆年产 1.0×10^5 t、非木浆年产 5×10^4 t。新建、扩建造纸项目单条生产线起始规模要求达到：新闻纸年产 3.0×10^5 t、文化用纸年产 1.0×10^5 t、箱纸板和白纸板年产 3.0×10^5 t、其他纸板项目年产 1.0×10^5 t。

对于几种不同的制浆工艺分别提出了 AOX 监察要点及判定方法，汇总见表 4-10。

表 4-10　AOX 监察要点及判定方法汇总

序号	类别	监察项目	是否使用落后工艺/不良影响的工艺	判定结果
1	碱法草浆	漂白	未使用氧脱木素	若使用 2 项以上工艺或污水处理设施运行，企业具有 AOX 超标的风险
			元素氯漂	
			未使用 TCF	
		污水处理	传统二级生化	
2	硫酸盐木浆	漂白	未使用氧脱木素	若使用 2 项以上工艺或污水处理厂运行不正常，企业具有 AOX 排放超标的风险
			元素氯漂	
			未使用 TCF	
		污水处理	传统二级生化	
3	漂白废纸制浆	漂白	次氯酸盐漂	若使用以上不良影响工艺或污水处理设施运行不正常，企业具有 AOX 排放超标的风险
4	化机浆制浆	漂白	元素氯漂	若使用 3 项工艺或污水处理设施运行不正常，企业具有 AOX 排放超标的风险
		中段水综合利用	未综合利用中段水	
		污水处理	二级生化	

4.3.2　造纸行业污染防治最佳可行技术指南（征求意见稿）

2017年4月环境保护部发布了《造纸行业污染防治最佳可行技术指南》(征求意见稿)，明确了造纸行业工艺污染预防、污染治理、资源综合利用等方面的最佳可行技术，围绕化学法制浆、化学机械法制浆、废纸制浆、机制纸及纸板制造、手工纸制造、加工纸制造等工艺介绍了污染防治最佳可行技术。

该指南中二噁英的污染防治最佳可行技术汇总见表4-11。另外，对于焚烧炉产生的二噁英采用活性炭吸附技术。

表4-11　二噁英污染防治最佳可行技术

序号	类别	最佳可行技术	环境效益
1	硫酸盐法化学木（竹）制浆	氧脱木素技术	该过程可减少漂白工段化学品用量，漂白工段COD产生负荷可减少约50%
		无元素氯（ECF）漂白技术	ECF漂白可将漂白工段废水中二噁英类物质的产生量降至检出限以下，可吸附有机卤素（AOX）排放满足标准限值要求，轻ECF漂白可进一步降低漂白工段AOX的产生量
2	碱法或亚硫酸盐法非木材制浆	干湿法备料技术	该技术可减少蒸煮用碱量和漂白化学品用量
		氧脱木素技术	同硫酸盐法化学木（竹）制浆
		无元素氯（ECF）漂白技术	同硫酸盐法化学木（竹）制浆
3	废纸制浆	中浓漂白技术	该技术可提高漂白效率，节约漂白化学品用量

4.3.3　造纸行业排污许可证申请与核发技术规范

2016年环境保护部发布了《造纸行业排污许可证申请与核发技术规范》，该规范适用于指导造纸行业排污单位填报《排污许可证申请表》及网上填报相关申请信息，同时适用于指导核发机关审核确定排污许可证许可要求。

在该技术规范中，进一步明确造纸行业排污许可证发放范围为"所有制浆企业、造纸企业、浆纸联合企业以及纳入排污许可证管理的纸制品企业"。并提出"对不具备环评批复文件或地方政府对违规项目的认定或备案文件的造纸企业，原则上不得申报排污许可证"。

所有废水排放口实施许可管理污染因子为列入《制浆造纸工业水污染物排放标准》（GB 3544）的所有污染因子，具体见表4-12。造纸企业纳入排污许可管理的废水类别包括所有生产废水和排入厂区污水处理站的生活污水、初期雨水，单独排入城镇集中污水处理设施的生活污水仅说明去向。

表 4-12　废水类别及污染因子

废水类别	污染因子
漂白车间或生产设施废水排放口	可吸附有机卤素 AOX[①]
	二噁英[①]
生活污水、初期雨水	…
生产废水外排口	pH 值
	色度
	悬浮物
	化学需氧量
	生化需氧量
	氨氮
	总磷
	总氮

① AOX 和二噁英适用于含元素氯漂白工艺的企业。

1）许可排放浓度　明确各项水污染因子许可排放浓度（除 pH 值、色度外）为日均浓度。废水直接排放外环境的现有制浆、造纸及制浆造纸联合企业水污染物许可排放浓度限值按照《制浆造纸工业水污染物排放标准》(GB 3544) 确定。

2）许可排放量　年许可排放量的有效周期应以许可证核发时间起算，滚动 12 个月。许可排放量包括有组织排放和无组织排放。

3）废水　明确对化学需氧量、氨氮以及受纳水体环境质量超标且列入《制浆造纸工业水污染物排放标准》（GB 3544）中的其他污染因子许可年排放量：

某种水污染物最大年许可排放量 = 产品年产能规模（t/a）× 单位产品基准排水量（m³/t 成品）× 水污染物许可排放浓度限值（mg/L）

4）可行技术　废水可行技术参照环境保护部发布的 2013 年第 81 号公告发布的《造纸行业木材制浆工艺污染防治可行技术指南（试行）》《造纸行业非木材制浆工艺污染防治可行技术指南（试行）》《造纸行业废纸制浆及造纸工艺污染防治可行技术指南（试行）》。在造纸行业可行技术指南发布后，以规范性文件要求为准。

5）废水监测点位设置　有元素氯漂白工序的造纸工业企业，须在元素氯漂白车间排放口或元素氯漂白车间处理设施排放口设置监测点位。有脱墨工序，且脱墨工序排放重金属的废纸造纸工业企业，必须在脱墨车间排放口或脱墨车间处理设施排放口设置监测点位。所有造纸工业企业均须在企业废水外排口设置监测点位；废水间接排放，无明显外排口的，在排污单位的废水处理设施排放口位置采样。

6）监测频次　元素氯漂白车间废水排放口，AOX、二噁英、流量，监测频次为年。

参考文献

［1］　GB 3544-2008 制浆造纸工业水污染物排放标准．

［2］　http://www.zhb.gov.cn/gkml/hbb/bwj/201011/t20101104_197138.htm 关于加强二噁（噁）英污染防治的指导意见．

［3］　http://www.zhb.gov.cn/gkml/hbb/bgt/201011/t20101101_196957.htm 关于印发《制浆造纸行业现场环境监察指南（试行）》的通知．

［4］　http://www.ndrc.gov.cn/zcfb/201302/w020130226380863208670.pdf 国家发展改革委关于修改《产业结构调整指导目录（2011 年本）》有本条款的决定．

［5］　http://www.zhb.gov.cn/gzfw/_13107/zcfg/f1/201605/t20160522_343393.shtml 中华人民共和国环境保护法（自 2015 年 1 月 1 日起施行）．

［6］　http://zfs.mep.gov.cn/fg/gwyw/201504/t20150416_299146.htm 国务院关于印发水污染防治行动计划的通知．

［7］　http://www.zhb.gov.cn/gkml/hbb/bgg/201512/W020151228354146275022.pdf 重点行业二噁英污染防治技术政策．

［8］　http://www.gov.cn/zhengce/content/2017-01/05/content_5156789.htm 国务院关于印发"十三五"节能减排综合工作方案的通知．

［9］　http://www.chinappi.org/pols/20150422142138695849.html 制浆造纸行业清洁生产评价指标体系．

［10］　GB 51092—2015 制浆造纸厂设计规范．

［11］　http://www.zhb.gov.cn/gkml/hbb/bwj/201701/t20170105_394016.htm 关于开展火电、造纸行业和京津冀试点城市高架源排污许可证管理工作的通知．

［12］　http://www.gov.cn/zhengce/content/2016-12/05/content_5143290.htm 国务院关于印发"十三五"生态环境保护规划的通知．

［13］　http://www.shuoxinzixun.com/show-52-2321.html 关于实施工业污染源全面达标排放计划的通知．

［14］　http://www.miit.gov.cn/n1146285/n1146352/n3054355/n3057267/n3057272/c5185981/part/5192938.pdf 轻工业发展规划（2016-2020 年）．

［15］　http://www.iytj.gov.cn/yiyang/2/165/170/231/238/343/content_276138.html 造纸行业排污许可证申请与核发技术规范．

［16］　http://www.zhb.gov.cn/gkml/hbb/bgg/201708/t20170808_419350.htm 关于发布《造纸工业污染防治技术政策》的公告．

［17］　http://www.zhb.gov.cn/gkml/hbb/bgth/201704/W020170427539813775281.pdf 造纸行业污染防治最佳可行技术指南（征求意见稿）．

第5章

我国制浆造纸行业二噁英污染防治技术支撑情况

我国是制浆造纸生产大国，现有制浆技术中的元素氯漂白技术应用广泛，是制浆造纸生产过程中二噁英类POPs物质的主要产生来源。我国制浆造纸行业与国外有很大的区别，原料工艺有着自身的特点，二噁英污染的防治也需要因地制宜，根据生产实际进行开展。我国制浆造纸行业相关科研机构、技术咨询和工程设计机构、检测鉴定机构在制浆造纸工业二噁英防治领域已经做了大量工作，为制浆造纸过程中的二噁英防治提供了有效的技术支撑。

5.1 我国制浆造纸行业二噁英污染防治能力水平

自2004年6月25日，全国人民代表大会正式批准中国加入《斯德哥尔摩公约》以来，中国在履行《斯德哥尔摩公约》的道路上付出了巨大的努力，开展了大量的工作，在公约的履约方面取得了重大进展。

自2001年以来我国出台的法规、环境标准及政策中开始对二噁英等POPs物质的污染防治工作进行较为系统的阐述。制浆造纸过程中的二噁英主要来源于漂白工段产生、制浆原料带入、制浆造纸防腐剂和消泡剂的添加带入以及碱回收和生物质燃烧过程等几个方面。目前，我国造纸行业已经从工艺调整、装备提升、新型造纸化学品研发、管理优化等多个方面，开展造纸行业二噁英污染的防治工作。经过前期的研究和实践过程，我国制浆造纸行业二噁英污染防治能力水平有了显著提高。

根据中国造纸协会资料，我国目前有影响的制浆造纸相关科研设计单位 23 家、国家认定的企业技术中心 9 家、高校制浆造纸研究机构 7 家、开设制浆造纸专业的国内教育机构 25 家、有影响力的国内造纸领域期刊 12 家。这些科研设计单位、科研院所、高校是我国制浆造纸行业污染防治的主要力量，在实际工作中发挥着重要作用。

5.2　我国二噁英检测服务情况

就二噁英类检测而言，美国、日本、德国、加拿大等西方发达国家都曾经投入过巨大的人力物力，通过十几年的努力，最后建立了比较完备的相当数量的实验室体系。例如，日本截至 2006 年，从事二噁英类分析监测的机构已经达到 300 多家，并在此基础上成功地建立了标准化、高精度的二噁英类监测系统。

从 1996 年中科院武汉水生所建立了国内第一个装备有高分辨质谱仪的二噁英类分析测试实验室开始，之后的几年里，北京大学、深圳市疾病预防控制中心、上海市疾病预防控制中心、中科院生态环境研究中心、中科院大连化学物理研究所、中国商检所都先后建立了高分辨质谱分析二噁英类实验室。

目前，我国的二噁英监测机构主要由国家级二噁英监测中心、部分省市级监测站、高校科研机构和社会监测机构等组成。

根据国务院 2004 年批复的《全国危险废物和医疗废物处置设施建设规划》中关于监测能力建设的要求，按大区布局，在全国范围建设了 7 个环境二噁英监测分中心，分别为东北分中心（沈阳）、华东分中心（杭州）、西南分中心（重庆）、华南分中心（广州）、华北分中心（北京）、西北分中心（西安）和华中分中心（武汉）。目前，除华北分中心依托中国环境监测总站、华南分中心依托环境保护部华南环境科学研究所，隶属环境保护部，其他各分中心均依托所在地的省环境监测中心站管理，隶属所在地环保主管部门。另外，国家环境分析测试中心也先于这 7 家分中心建立了二噁英实验室，隶属环境保护部。

除此之外，为提高各省份的二噁英快速检测和识别能力，环境保护部对外合作中心在"全球环境基金中国制浆造纸行业二噁英减排项目"的支持下，在 8 个省/市建立了二噁英快速检测（生物检测）实验室，分别为四川省环境保护科学研究院检测中心、广西壮族自治区环境监测中心、河南省环境监测中心、湖南省环境监测中心、广东省环境监测中心、湖北省环境监测中心、陕西省环境监测中心及宁波市环境监测中心。

值得注意的是，华测检测认证集团股份有限公司（英文"Centre Testing International Group Co.,Ltd."，简称 CTI）、瑞士通用公证行（Soc-iétéGénérale de Surveillance，简称 SGS）、谱尼测试集团股份有限公司、中持检测等一些第三方检测机构也通过了计量认证获得了对应的实验室检测资质，具备环境样品的二噁英检测的能力。

虽然目前我国二噁英检测机构数量较 2009 年能力建设调研时有所增长，检测能力有所提高，但与大量的检测需求的增长相比仍有较大的缺口。

5.3　我国制浆造纸科研和工程咨询设计单位情况

造纸行业作为我国轻工领域的一个主要行业，在我国有着广泛的科研技术基础，全国有多所科研院所、高校和工程设计单位从事有关制浆造纸相关领域的科学研究、工程设计等工作。国内主要的制浆造纸相关技术咨询单位和科研院所如表 5-1 所列。

表 5-1　中国制浆造纸相关技术咨询单位和科研院所名录

机构名称	服务领域	服务特色
中国制浆造纸研究院	科研	系列纸机功能批量生产、特种纸中试和生产基地
中国中轻国际工程有限公司	咨询、设计、监理、项目管理和工程总包	主要设计轻纺全行业、化工石化、市政、农林等
轻工业环境保护研究所	科研、工程咨询、技术服务	轻工、化工、纺织、印染、机械、市政、医药、建筑及社会服务等行业环评、工程咨询、相关政策咨询、科研服务等
中国轻工业清洁生产中心	科研、清洁生产、工程咨询、技术服务	轻工、化工、纺织、印染、机械、市政、医药、建筑等行业的清洁生产、能源审计、碳核查、工程咨询、技术服务等
山西省轻工业设计院	工程设计、工程咨询	轻工、环保、化工、医药、商业、建筑等

续表

机构名称	服务领域	服务特色
辽宁轻工设计院有限公司	工程咨询、工程设计、设备成套、项目管理、工程总包	轻工、化工、电力、建筑、环保农林等 （1）尿素催化剂法生产本色或全无氯漂白纸张； （2）生物质精炼技术综合利用玉米秆； （3）常压蒸煮 - 漂白一步法； （4）菊芋秆制浆造纸及催化剂法制浆废液和硅肥相结合作沙漠改良剂硅肥技术
吉林省工业设计研究院	科研、工程设计、工程咨询	轻工、生物制品
黑龙江省造纸工业研究所	技术咨询	玉米深加工、生物制品
中国海诚工程科技股份有限公司	工程设计、咨询和监理、总承包	育苗纸筒生产线
轻工业杭州机电设计研究院	工程设计、设备研发、配套电器控制系统研究	
中国轻工业武汉设计工程有限责任公司	工程总承包、工程咨询、工程设计、工程监理及项目管理	
中国林业科学研究院制浆造纸研究开发中心	科研、制浆生产线、废水处理系统设计、工程建造、运行优化	纤维资源及纸浆材性评估、造纸新技术、造纸及环保化学品、废弃物资源化利用、造纸工业节能减排新技术的研究开发和工程化应用
浙江省造纸研究所	科研、中试、咨询、设计	特种功能纸科研生产基地
轻工业杭州机电设计研究院	工程设计、工程咨询、生产线成套建设、工程总承包	
江西省轻工业研究所	研发、新型造纸工艺小试、中试	造纸、日用化工、食品研究等
济南市造纸科学研究所	新型纸研究	
山东省造纸工业研究设计院	工程设计、工程咨询、项目总包	轻纺工程设计咨询、纸张检验等
中国轻工业武汉设计工程有限责任公司	工程设计、工程咨询、工程总承包	非木浆制浆机碱回收国家环保部最佳实用技术依托单位
中国轻工业长沙工程有限公司	工程设计、咨询、工程总承包、工程监理	轻纺工业、建筑行业、市政行业；制浆造纸和环保污泥废渣及垃圾焚烧位于行业前列
湖南省造纸研究所有限公司	科研、特种纸张生产	
广东省造纸研究所	科研，应用、技术咨询、服务、培训	制浆造纸、造纸助剂、纸张涂布等实验室、中试及产业化平台

续表

机构名称	服务领域	服务特色
中国轻工业南宁设计工程有限公司	工程设计、工程咨询、工程总承包、工程监理	漂白木浆、漂白甘蔗浆、漂白竹浆等生产线设计处于国内领先地位
重庆造纸工业研究设计院有限责任公司	科研、技术装备研发和监测	轻工和军工
中国轻工业成都设计工程有限公司	工程设计、工程咨询、工程造价咨询、工程总承包、工程建设等	制浆造纸、烟草、食品加工、火力发电、新能源、环境工程等
中国轻工业西安设计工程有限公司	工程咨询、工程设计、工程总承包、工程造价、环境影响评价和工程监理	制浆、造纸、碱回收、造纸废水处理、纸加工、特种纸、热电联产等造纸行业各个环节
甘肃省轻工研究院	科研、工程咨询、节能审核、清洁生产	轻工、食品、环境保护、造纸
新疆轻工业设计研究院有限责任公司	工程咨询、设计、设备设计、工程监理	轻工

5.4　我国制浆造纸装备供应情况

随着我国制浆造纸工业的高速发展，制浆造纸产能和产量迅速发展，总量位于世界第 1 位，制浆造纸装备技术水平也有了很大的提升。由于新增项目节能环保要求的规范严格和先进技术装备的引进，中国成为世界上造纸装备水平最先进、数量最多的国家。2013 年规模以上造纸设备制造企业 226 家，实现工业总产值 385 亿元。

目前，国产制浆造纸装备已能提供（$1.0 \sim 1.5$）$\times 10^5$t/a 化学木浆、竹浆生产线及相应的碱回收成套设备，可提供（$5.0 \sim 10.0$）$\times 10^4$t/a 脱墨废纸浆生产线以及中速、次高速文化用纸、纸板、卫生纸机。

5.4.1　我国制浆造纸工业新增生产线主要装备配置概况

近十多年来，我国制浆造纸工业投入大量资金，产能迅速扩张。在新建和扩建生产线上，包括了具有国际先进水平的技术与装备，已拥有 1.5×10^6t/a 化学木浆、2.0×10^5t/a 竹浆、（$1.0 \sim 3.0$）$\times 10^5$t/a 化机浆、5.0×10^5t/aOCC 废纸浆、2.0×10^5t/a 废纸脱墨浆生产线；优于世界先进水平的新闻纸机、铜板纸机、文化用纸机等。造纸行业的新增项目中，具有世界先进水平的装备已达 40%。

我国新增制浆生产线中，大型化学漂白木浆项目占较大比例，化机浆项目的建设也加快了步伐。由于新技术的应用，大型废木材浆项目的规划和建设也得到了较大发展，项目的平均规模也越来越大。新增项目基本上采用目前国际和国内最新的技术和装备。如大型纸浆项目，基本都采用了新一代连续蒸煮技术、大型双辊挤浆机、新型压榨洗浆机、高温二氧化氯漂白和轻 ECF 漂白装备技术、高浓黑液结晶蒸发设备、高浓黑液燃烧技术、非工艺元素去除技术、高效白液过滤和洗涤设备等最新工艺技术和装备。国产制浆技术和装备近几年也有较大发展，如非木材置换蒸煮设备、新型 $120m^2$ 真空洗浆机、大型双辊压榨洗浆机、白液盘式过滤机、高浓黑液蒸发系统、大型高效碱回收锅炉、双网压榨浆板机、浆板气垫干燥机等。这些新技术和装备已经广泛应用于中型制浆工程项目中。

新增造纸装备均采用目前国际和国内最新的技术，如新增文化用纸产能集中，基本是以高档文化用纸为主，单机规模越来越大。新增项目单机产能（ $1.5 \sim 2.0$ ）× $10^5 t/a$ 的设备以国产主流机型为主，采用了顶网成型器，成纸幅宽 4400 ～ 5280mm，设计车速为 1100 ～ 1400m/min；引进的部分涂布 / 未涂布文化用纸机网 10960mm，车速 1800m/min，生产量（ $4.5 \sim 9.0$ ）× $10^5 t/a$，并且配有带式压光机、透平式真空泵等。

新增涂布纸板项目基本以高档纸板为主，采用涂布新技术，如帘式涂布应用于涂布牛卡纸等，单机规模最大可达 $9.0 \times 10^5 t/a$。

新增包装纸及纸板项目基本以高档纸箱纸板和瓦楞原纸为主，单机规模大。目前新建项目纸机幅宽一般 6000 ～ 7000mm。纸机湿部采用多长网成形器，且至少一个流浆箱采用稀释水水力式流浆箱，保证纸板定量均匀，压榨部根据纸种及成纸质量要求多采用靴式压榨。

新增生活用纸项目中，许多采用进口新月形卫生纸机，以单机产能为 $6.0 \times 10^4 t/a$ 的较多，最高可达 $7.0 \times 10^4 t/a$。采用的最新技术包括双层流浆箱、靴式压榨、钢制烘缸、新型起皱刮刀等。

5.4.2　我国制浆造纸工业国产装备发展情况

5.4.2.1　制浆造纸装备行业发展概况

我国制浆造纸装备制造业伴随我国造纸工业的快速发展，经历了由小到大的发展过程，已能为制浆造纸行业提供各种纸机、纸板机、生活用纸机，以及分切、涂布、包装和备料、制浆、洗选漂、碱回收等成套装备和生产线。国产装备承担了大部分生产任务，初步形成了产业链配套体系完整、门类齐全的现代生产体系，拥有科研、教学、设计等实力雄厚的科研队伍和一批装备制造企业。

目前国产装备承担了我国 60%～70% 的造纸产能，技术性能也属于中上水平，在世界上也仅次于美国、德国、芬兰、日本等少数发达国家，在某些技术装备上面有自己的创新优势，如草类原料的备料和连蒸装备技术等，能为造纸工业提供完整的装备是我国造纸产业迈入国际造纸大国的主要原因。

另外，造纸装备行业的配套行业也是较为完整的，专业化分工基本配置合理，建立了脱水器材、各种辊子包胶、筛鼓、水印辊、流浆箱、真空辊、密封汽罩等专业制造企业，甚至还有减速机、自动化系统、真空泵等既可面向造纸行业，也可面向其他行业的专业公司，保证了整个产业的无缝配套，也为行业的发展起到了保障作用。

5.4.2.2　我国制浆造纸主要国产化装备研究进展

近年来，我国制浆装备制造企业主要针对国内造纸企业在麦草浆、蔗渣等非木材浆，杨木速生材化机浆和废纸浆生产线方面的发展需求，不断提高化学浆、化机浆、废纸浆制浆装备的国产化技术水平。

我国化学法制浆装备的研发主要围绕着实现新的制浆工艺功能、节能降耗、与制浆废液处理的衔接、连续生产、提高单机产能规模和纸浆质量及其均匀性、清洁生产等方面进行。新建非木纤维浆项目采用了成熟的横管连续蒸煮技术。国产化高得率制浆设备技术主要围绕着原料和工艺的适应性、制浆质量的提高，以及设备本身的高性能、高效率、低能耗的运行和材料的寿命延长等方面不断改进，并取得了很大进展。废纸处理装备技术国产化的研发主要围绕装备如何充分发挥疏解（尽可能减少切断）废纸纤维作用，尽量不要使轻、重杂质碎解成细小颗粒；对于脱墨浆最大限度地使油墨和纤维分离并除去；降低水耗和电耗；单条生产线的大型化和成套化等方面进行。

（1）化学浆生产线装备技术国产化进展

1）蒸煮装备技术　用于木片及竹片的超级间歇蒸煮主体设备已基本实现国产化，如大型超级间歇蒸煮锅（250m³）、大型压力储罐（包括热白液、热黑液、温黑液罐，可达 1000m³ 以上）、大型喷放锅（1500m³ 以上）全部国产化，但成套装备及自控系统还有待开发。根据非木纤维的特点，我国自主创新，成功开发了具有自主知识产权的、以适应草类原料为主的 150 ～ 300t/d 横管式连续蒸煮系统设备和自动控制系统，全部实现国产化，并采用最新的可编程控制器（PLC）或集散控制器（DCS），其浆料得率和运行效率已达到国际先进水平。主要设备螺旋喂料器目前已经有能力制造 76.20cm，以满足 300t/d 以上的生产量；采用饥饿型喂料器提高草料喂入水分；喷放阀由系统自动控制调节，确保系统平衡及采用双热喷流程、冷热双喷流程等，使蒸煮器更符合国情，并提高了技术性能。

2）洗涤、浓缩和黑液提取装备技术　国产真空洗浆机的性能和产能有很大改进和提高。在引进消化吸收的基础上，经多次改进后采用波纹滤板、小平面阀的洗浆机现已比较适应各种非木纤维浆的洗涤和黑液提取。最大的真空洗浆机转鼓面积可达 120 ㎡，可配套 2.0×10^5t/a 硫酸盐木浆项目。近年国内开发生产的新型置换双辊挤浆机系列，其辊子最大规格可配套 8.0×10^5t/a 制浆系统；另外，还有低速单螺旋压榨脱水机、双压区双网挤浆机等。国内已发展鼓式置换洗浆机（DD 洗浆机）并已投入使用，可在一台洗浆机上完成四段洗涤。

3）筛选净化装备技术　国内研发了具有节水节能、减少纤维流失等优点的封闭筛选系统，主要设备有除节机、压力筛、高浓除渣器、液体过滤压力筛等。国内用于封闭筛选具有波纹筛鼓的压力筛和具有棒式波形筛鼓的低脉冲压力筛已系列化，接近国际先进水平。国产各种除渣设备，如高浓、中浓、低浓除渣器及轻重杂质除渣器等通过不同的组合配套已可完全满足国内各种规模的生产需求。

4）漂白装备技术　近年来，国产漂白系统设备主要向连续、大型和 ECF、TCF 方向发展。具有我国自主知识产权的中浓纸浆清洁生产漂白成套设备主要包括双升流塔氧脱木素段、过氧化氢漂白段技术装备以及配套的中浓浆泵和中浓高剪切混合器。漂后废水 AOX 完全满足国家的排放标准，同时与传统的 CEH 三段漂白比较，节水 50% 以上，能耗减少 30% 以上，属于清洁漂白技术装备。

（2）化机浆生产线装备技术国产化进展

近年来，高得率化机浆如碱性过氧化氢化学机械浆（Alkaline Peroxide Mechanical Pulp，APMP）及漂白化学机械磨木浆（Bleached-Chemi-Thermo-

Mechanical-Pulp，BCTMP）等在国内有了很大的发展，对各种规模的高得率化机浆，汽蒸仓、浸渍器和反应仓等设备可全部国产化，螺旋撕裂机和高浓盘磨机等设备国产化也取得进展。

（3）废纸浆生产线装备技术国产化进展

回收纤维制浆尤其是废纸脱墨浆的生产在我国迅速发展，2013年我国造纸工业原料中废纸占比达65%。国产废纸制浆设备处理能力越来越大。转鼓碎浆机在新脱墨浆生产线上大量采用，并且出现了双转鼓（即碎浆区和筛选区使用不同的转鼓），从单级浮选脱墨变成了二级浮选脱墨；为了提高白度及降低尘埃，筛选段还添加了预精筛。

在国内，目前可提供600t/d旧瓦楞箱（OCC）生产线成套设备及300t/d脱墨浆纸生产线设备，其中关键设备鼓式碎浆机、立式碎浆机、高温高浓盘式热分散机及浮选脱墨槽已经全部国产化。

（4）碱回收系统装备技术国产化进展

国内木浆碱回收锅炉主要采用进口大型碱回收锅炉，而草浆碱回收装备技术在国内有独特的优势。我国草浆黑液提取工艺与设备采取两种或两种以上机型组合的流程，即采用挤压-扩散置换洗涤机理进行麦草浆料洗涤和提取黑液，并配备封闭筛选工艺，实现了节水和清洁生产，提高了黑液提取率（达到90%左右），从而可以减少废水中二噁英的排放。

目前，国内已经开始生产和应用压力苛化设备系统，主要包括绿叶澄清器、沉渣压力洗涤机、白液压力盘式过滤机和白泥真空盘式洗涤机等。

我国的草类原料碱回收技术处于世界领先水平。目前麦草浆碱回收系统最大规模为日处理黑液固形物1200t，蒸发采用了一体六效全管式降膜蒸发站，蒸发水量为350t/h，采用了黑液降黏及结晶蒸发技术。苛化工段采用预苛化降低硅干扰，以提高白泥洗净度和干度，降低白泥残碱。

我国大型碱回收锅炉已经开始参与国际项目的竞争，如获得了印度、越南、马来西亚、缅甸等碱回收系统的订单。

5.4.2.3　国产造纸装备技术研发热点

国内造纸机围绕高速、宽幅、节能、紧凑和自动化等方面开展研究工作，设备研究方面涉及的主要科学技术有纤维悬浮液非牛顿流体的高速流送与分散技术、快速成型、脱水与压榨脱水技术、高效率干燥技术、纸张表面压光技术、干湿纸张高速传递技术、高速多段分部传动与协调控制技术、纸张质量与纸病快速侦测技术、各部套动态运行机械状态监测与故障诊断技术等。

近年来，国内造纸企业在包装用纸和纸板、生活用纸和特种纸等产能上有较大发展，国内造纸机制造企业主要针对提高这 3 类造纸机的国产化装备技术水平展开研发工作。国产造纸机目前基本上能满足大部分国内中小型造纸厂的需求，但从技术性能上看，国产造纸机的能耗较高，所产纸张质量指标与国外水平有差距，性能不够稳定，技术成熟度不高，调试周期过长。

5.4.3　我国制浆造纸装备制造业面临的机遇和挑战

我国的制浆造纸装备制造业已经取得了非常显著的成绩，但在看到成绩的同时还应看到需要改进的地方。例如，从市场结构层面看，市场集中度和产品差异化程度与全球高端造纸装备市场相比差距很大，后者早就已经形成寡头垄断的市场结构，我们期望形成"金字塔"形的市场结构，少数"塔尖"上的企业，进入高端造纸装备的寡头垄断市场结构中。从技术创新层面看，我国装备产品的可靠性、先进性的差距依然存在。此外，特别值得指出的是，运用智能化手段对产品制造和运行的优化、管控和故障预测等为用户创造价值的服务还刚起步。

随着《中国制造 2025》的实施和"一带一路"国家战略的推进，将加快智能制造、绿色制造、服务型制造的发展，提升制造业的层次和核心竞争力，我国造纸装备制造业具有较大的发展潜力和发展空间。

参考文献

[1]　中国造纸协会，2015 中国造纸年鉴［M］.北京：中国轻工业出版社，2015.
[2]　马文鹏，张秦铭，张会强，等.我国环境二噁英检测现状分析［J］.安徽农业科学，2014,42(1)：191-192.
[3]　张辉，赵小玲.国产制浆造纸装备的最新进展［J］.中国制浆造纸，2014,33（12）：63-69.
[4]　第三届中国造纸装备发展论坛秘书处.规划引领深度融合创新发展《中国造纸装备制造业发展战略规划纲要》要点［J］.中华纸业，2016,37(15)：16-20.

第三篇

技 术 篇

第6章

二噁英削减清洁生产技术工艺

制浆造纸行业二噁英的合成与产生基本来自化学方法制浆过程。而相关技术工艺的改进和先进设备的引入可以对二噁英产生和排放起到控制作用，本章结合化学制浆二噁英产生的关键环节进行分析。

6.1 化学制浆工艺概况

化学制浆是用化学药剂对原料进行处理而制造纸浆的方法。此法以纤维植物（主要是木材和草类茎秆）为原料，利用与原料中所含木素发生选择性化学反应的化学药剂脱除大部分木素，并使原料中的纤维部分充分疏松分离为纤维素纯度较高的纸浆。工业生产上常用的化学制浆方法包括碱法制浆及亚硫酸盐法制浆两大类。化学法制浆的流程包括备料、蒸煮和净化三个基本工艺过程以及辅助工艺过程。

（1）备料

备料是将木材剥皮并削成木片或将草类茎秆切成草段，再经过筛选除杂，使原料比较洁净，大小规格整齐均一，以利于蒸煮过程中物理化学反应顺利进行。

（2）蒸煮

蒸煮是使原料转变成为化学纸浆的基本过程，将料片或料段和适量的化学药剂装入蒸煮器中，按严格控制的温度、压力、时间与药液组成，使药液渗入原料并与原料中的木素发生化学反应，使原料中的单根纤维充分疏松分离为纤维素纯度较高的纸浆，蒸煮所成纸浆称为粗浆。

（3）净化

纸浆的净化一般包括洗涤、筛选、漂白等过程，经过适当净化才能成为可用的纸浆。

① 洗涤是使纸浆与蒸煮废液分离。

② 筛选是将洗涤后纸浆中所含的粗大料片与纤维束，利用带有细孔或窄缝筛板的筛浆机加以筛除，并利用各种类型的水力旋流器（锥形除砂器）除去浆料中所含的泥沙等较重杂物，使纸浆得到进一步净化。

③ 漂白的作用是减少或脱除纸浆中的残余木素或其所含的发色基团（纸浆中主要的有色物质），使纸浆达到较高的白度。

典型化学制浆过程如图 6-1 所示。

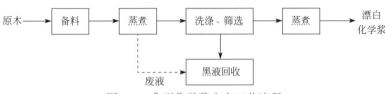

图 6-1　典型化学浆生产工艺流程

综合整个化学制浆的过程，二噁英直接产生于使用含氯物质作为漂白剂的漂白工段，以及制浆过程中添加的消泡剂。此外，制浆蒸煮、洗涤等过程也会间接影响二噁英生成。因此，本部分将围绕化学制浆过程二噁英产生的直接环节和间接环节进行介绍。

6.2　直接影响工序清洁生产技术

6.2.1　漂白工段清洁生产技术

6.2.1.1　漂白废水特点

造纸工业对纸浆的漂白以氯漂为主，含氯漂剂（如氯气、次氯酸盐、二氧化氯等）和纸浆中的残余木素作用会产生 AOX，其结构复杂而又易变，一旦随废水排入江河中，有机氯化物将富集到生物体内，进入食物链的循环，最终危害人体健康。漂白废水由于含有一定量的氯化有机物及其他难处理物质，再加上污染负荷较大，处理比较困难。

（1）漂白废水的来源

氯化废水是整个漂白废水的主要构成部分，由于常规氯化是在低浓度下进行的，同时氯化后进行彻底洗涤又是十分重要的，因此进入漂白系统的水大部分以氯化废水的形式排出。氯化废水量的大小又决定于进入漂白系统未漂浆的浓度。

由于氯的氧化作用的结果，未漂浆中大部分残留木素和少量碳水化合物被降解为水溶和碱溶物质，这些物质随后作为废水的组成部分与纸浆分离。这些组分主要包括由酚核的氧化破裂而生成的简单酚类、酚和碳水化合物的齐聚物，以及中性和酸性物质。经过鉴别的一些化合物见表6-1。

表 6-1　硫酸盐浆氯化废水中被鉴别的化合物或衍生物

类别	化合物或衍生物
羧酸类	醋酸、蚁酸、草酸、乙烯酸、丙二酸、丙酮酸、中草酸、琥珀酸、马来酸、富马酸、α-氧代戊二酸、β-氧代戊二酸、4-氯苯邻二酚
中性物	甲醇、三氯甲烷、乙醛、丁酮、乙二醛、四氯邻苯醌
碳水化合物	木糖、阿拉伯糖、半乳糖、葡萄糖、甘露糖
酚类	二氯苯酚、2,3,6-三氯苯酚、二氯愈疮木酚（三个异构体）、三氯愈疮木酚（三个异构体）、四氯愈疮木酚、一氯脱氢松香酸、二氯脱氢松香酸、二氯苯邻二酚、三氯苯邻二酚、四氯苯邻二酚、一氯丙愈疮木酮

为了在保持强度的条件下增进纸浆的白度并保持白度的稳定性，氯化以及氧化漂白以后的反应生成物应该及时得予清除。但是这些生成物大部分难溶于水，通过过滤和洗涤仅能除去这些物质的1/2左右。残留部分需要强碱处理使之溶解，这个过程称为碱处理。被氯化的纸浆在碱处理段会发生如下一些反应。

① 大部分氯化木素的溶出和除去。

② 半纤维素从纤维中除去。

③ 纸浆中脂肪酸和树脂酸的皂化。

④ 纤维多糖组分链的降解。

碱处理段废水量约为氯化废水量的1/2，但溶出了大部分有机污染物，因而COD和色度很高。漂白废水中90%色度、30% BOD、50% COD以及10%的氯在碱处理段中产生，该段废水的pH值在10.5～11之间。

（2）漂白废水中的污染物质和毒性物质

在氯化和碱处理废水中，主要有毒成分是三氯甲烷、氯代酚类化合物、二噁英等。

1）三氯甲烷　氯化、碱处理和次氯酸盐漂白过程会产生三氯甲烷，三氯甲烷具有剧烈的毒性，也可以在一系列的反应中生成光气，会破坏臭氧层。传统三段漂白中以次氯酸盐漂白产生的三氯甲烷数量最多（见表6-2）。

表 6-2　传统三段漂白产生的三氯甲烷数量

漂白段	氯化段	碱处理段	次氯酸盐漂白段
三氯甲烷生成量（g/t 绝干浆）	5 ～ 280	10 ～ 80	100 ～ 700

2）氯代酚类化合物　用含氯药剂漂白纸浆除产生三氯甲烷之外，还有多种有机污染物质产生，其中相当部分是毒性物质。这些毒性物质都是木素降解产生的氯化有机物，包括氯代酚类化合物，其中主要以二氯代酚、三氯代酚、四氯代酚和五氯代酚的形式存在，此外还有氯代愈创木酚、氯代香草醛、氯代儿茶酚等。这些污染物质不仅具有毒性，而且不易进行生化或者非生化降解，排放到自然水体中会对生物产生毒害作用。

3）二噁英和呋喃　20 世纪 80 年代中期在制浆造纸工厂附近水体中发现了二噁英（Dioxins）和呋喃（Furans），引起了人们的普遍关注。在制浆造纸工业中，二噁英主要是由氯与木素在漂白过程中产生的，如果漂白流程中不使用元素氯，可以大大降低漂白废水中的二噁英含量。

6.2.1.2　有机氯化物的削减途径

由于氯气漂白具有不损害纤维特性的优点，且价格低廉，过去几乎所有纸浆漂白中都使用氯气。但是随着人们认识到氯气漂白所产生的 AOX 和二噁英物质对环境的影响，人们开始研究替代氯气的漂白方法，20 世纪 80 年代后期出现了 ECF 和 TCF 等新技术。

从表 6-3 可以看到，漂白方法对 AOX 的排放量有很大影响。采用无元素氯（Element Chlorine Free，简称 ECF）漂白和全无氯（Total Chlorine Free，简称 TCF）漂白技术，可以大大减少或者消除 AOX 的产生和排放。

表 6-3　漂白方法对白度和 AOX 排放量的影响

漂白剂	白度 /% ISO	AOX/（kg/t 浆）
使用元素氯	90	3 ～ 4
ECF：使用 O_2、ClO_2 和 H_2O_2	90	0.25 ～ 0.5
TCF：使用 H_2O_2	70 ～ 86	< 0.1
使用 H_2O_2 和 O_3	85 ～ 90	< 0.1

目前国外采用 ECF 漂白流程的厂家占漂白浆厂家的比例为北美80%，北欧 75%。TCF 漂白流程的废水中有机氯化物含量虽比 ECF 流程更低，但由于投资和运行费用较高，纸浆质量不如 ECF，只有在环境要求特别严的情况下采用。

草类原料易煮、易漂，比木材原料更有条件采用无元素氯或全无氯漂白。我国四川省年产60000t竹浆的某纸业公司，于2001年通过技术改造，完全不用氯，仅用氧脱木素和过氧化氢两段漂白，即将最终白度漂至80% ISO以上，实现了全无氯漂白（见图6-2）。

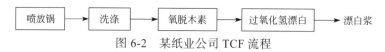

图6-2　某纸业公司TCF流程

国家发改委2007年颁布的《造纸产业发展政策》第23条已明确提出"禁止新上项目采用元素氯漂白工艺（现有企业应逐步淘汰）"。《制浆造纸工业水污染物排放标准》的新排放标准中已将AOX指标调整为强制执行项目。这些政策法规将对改革我国现有漂白工艺产生深远的影响。

（1）氧脱木素

通过氧脱木素工艺，可将1/2以上本需通过氯化段脱除的木素脱除并进入碱回收工序，大幅度降低二噁英前体进入漂白工序的量。

氧脱木素研究始于1867年，研究发现在搅拌旋转的纸浆中通入加热的空气可以增强漂白效果。经过长期研究，到1961年，氧脱木素的带压操作及碱性条件这两个基本要素已经确定。氧脱木素技术就是在蒸煮器和粗浆洗涤之间引入一段氧脱木素段，氧气在碱性介质中产生脱木素作用，除去蒸煮后残留的木素可以说是蒸煮过程脱木素的继续，氧脱木素的运行成本比氯漂和二氧化氯漂白低得多，而且氧脱木素因不使用氯或含氯化合物，不会产生有机氯化物，其废水经浓缩后可直接送去碱回收炉烧掉，既回收了烧碱，又减少了废水污染负荷。氧脱木素可以降低进入漂白工段的浆的卡伯值，降低漂白的负荷，减少漂白剂的使用量，促进漂白废水的封闭循环，同时还可以增加漂白浆的白度。

氧脱木素是氧分子从碱性状态木素的酚氧负离子脱去电子，产生酚氧自由基，氧分子变成负离子自由基，然后进行一系列反应，木素发生降解。在氧脱木素体系中，木素、碱液、O_2及金属离子的共同作用使得氧自由基的产生相当复杂。氧自由基的产生不是孤立的，自由基之间以及自由基与木素之间存在相互作用，使得氧自由基的产生贯穿于整个氧脱木素过程中。

氧脱木素的工艺流程主要包含高浓氧脱木素和中浓氧脱木素两种。

1）高浓氧脱木素　洗涤干净的浆料先送到双辊压榨机脱水，提高浓度至30%，加入氢氧化钠和镁盐保护剂（硫酸镁或碳酸镁），用螺旋喂料器把浆料送入氧反应器，通过一个起绒装置，然后落入浆床，控制浆的浓度在 25%～ 28%，防止浆床过于紧密，保证与氧气充分接触，浆料进入反应器由上而下与氧气反应，停留时间约 30min，在反应器底部浆料用氧化后的滤液稀释至 5% 浓度排出到喷放罐，再经洗浆机后送去精选漂白。高浓工艺通过双辊压榨机的浆料浓度不得超过 35%，以免太高浓度引起自发分解导致氧反应器着火。

2）中浓氧脱木素　该工艺流程是在 20 世纪 80 年代初伴随着高效中浓混合器和中浓浆泵的出现而工业化并迅速发展的。中浓氧脱木素比高浓工艺要简便，因为从洗涤工段经洗浆机出来浆料浓度已达到 10% 以上，适合中浓要求。其流程是先在最后一段洗浆机浆料出口处加入氢氧化钠和镁盐保护剂，经碎浆器搅拌混合送到蒸汽混合器，提高浆料温度至 90℃以上，用中浓浆泵输送通过氧混合器进入升流式的氧反应器，由下而上停留 60min 左右，经反应器顶部卸料机输入喷放槽，由浆泵送到氧脱木素洗浆机洗涤干净，供下一工段精选、漂白使用。

氧脱木素是高效清洁的漂白技术，其缺点之一是脱木素的选择性不够好，一般单段的氧脱木素率在 30%～ 50%，否则会引起碳水化合物的严重降解，表 6-4 为单段氧脱木素的运行条件，图 6-3 为单段氧脱木素的运行工艺流程。

表 6-4　典型单段氧脱木素运行条件

运行条件	参数值
停留时间 /min	60 ～ 90
温度 /℃	85 ～ 100
浓度 /%	≥ 11
压力 /bar	3 ～ 8
最终 pH 值	10.5 ～ 11

注：1bar = 10^5Pa，下同。

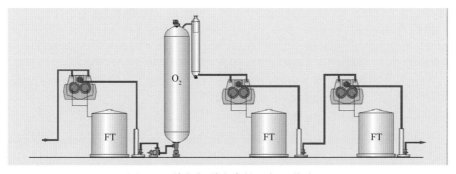

图 6-3　单段氧脱木素的运行工艺流程

为了提高氧脱木素率和改善脱木素选择性，目前发展的趋势是采用两段氧脱木素。两段氧脱木素的氧脱木素率可以达到 65%～70%：一般第一段采用高的碱浓度和氧浓度，以达到较高的脱木素率，但温度较低，反应时间较短，以防止纸浆黏度的下降；第二段的主要作用是抽提，化学品浓度较低，而温度较高，反应时间较长。表 6-5 为两段氧脱木素的运行条件，图 6-4 为两段氧脱木素的运行工艺流程。

表 6-5　典型两段氧脱木素运行条件

运行条件	一段	二段
停留时间 /min	30	60
温度 /℃	80～85	90～105
浓度 /%	≥ 11	≥ 11
压力 /bar	8～10	3～5
最终 pH 值		10.5～11

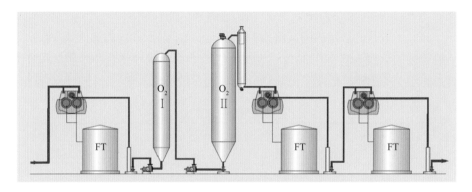

图 6-4　两段氧脱木素的运行工艺流程

目前，新投产的漂白硫酸盐制浆厂几乎全部都设有氧脱木素段，而且绝大部分为两段氧脱木素，采用氧脱木素工艺可以使蒸煮后纸浆的卡伯值降低 50% 左右。

（2）ECF 和 TCF 漂白

无元素氯漂白（ECF）和全无氯漂白（TCF）是当前造纸企业比较流行的能够有效削减二噁英产生的漂白方法。

1）ECF 和 TCF 的漂白剂

Ⅰ. 二氧化氯漂白（ECF）：二氧化氯是无元素氯漂白的基本漂剂。不同于元素氯，二氧化氯具有很强的氧化能力，是一种高效的漂白剂，其在漂白过程中能选择性地氧化木素和色素，而对纤维素没有或很少有损伤，漂后纸浆白度高，返黄少，浆强度高。二氧化氯是一种游离基，很容易进攻木素的酚羟基使之成为游离基，然后进行一系列氧化反应，与非酚型的木素结构单元反应，但反应速率大大减小。二氧化氯漂白的第一段通常称为 D_0 段，D_0 段和随后的碱抽提段称为预漂段，二氧化氯可以将木素氧化和降解，一部分降解的木素可以在 D_0 段后洗涤出来，其余的木素可以在碱抽提后洗涤出来。

硬木浆在蒸煮后含有大量的己烯糖醛酸，这些己烯糖醛酸会增加浆的卡伯值，己烯糖醛酸在高温（85 ～ 95℃）下也可以被二氧化氯降解，该阶段被称为高温二氧化氯漂白（D_{ht}），D_{ht} 段比 D_0 段可以更加有效地去除己烯糖醛酸，在 D_{ht} 段二氧化氯与木素的反应更加迅速，因此，在 D_{ht} 段二氧化氯主要在开始反应的第 1min 被消耗掉，然后浆在 pH 值为 2.5 ～ 3.5 和高温下停留 2 ～ 3h，在这种情况下己烯糖醛酸被选择性地去除。表 6-6 为 D_0 段和 D_{ht} 段运行条件对比。

表 6-6　D_0 段和 D_{ht} 段运行条件对比

运行条件	D_0	D_{ht}
最终 pH 值	2 ～ 3	2.5 ～ 3.5
压力	标准大气压	标准大气压
浓度 /%	≥ 11	≥ 11
温度 /℃	45 ～ 85	85 ～ 95
停留时间 /min	45 ～ 60	90 ～ 180

二氧化氯漂白可以是升流式或升 / 降流式，见图 6-5 和图 6-6。

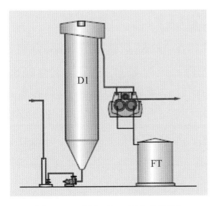

图 6-5　升流式二氧化氯漂白

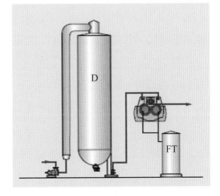

图 6-6　升 / 降流式二氧化氯漂白

D_0 段或 D_{ht} 段的抽提段，即 E_1 段，在抽提段剩余的氧化木素被溶解和清洗，抽提段实际上还会用至少 1 种以上氧化剂来强化，氧化剂包括氧（E_O）、过氧化氢（E_P）或者二者的混合（E_{OP}），碱抽提段可以是升流式或升/降流式，表6-7为碱抽提段的运行条件，图6-7为升/降流式碱抽提的工艺流程。

表 6-7　碱抽提段运行条件

运行条件	各数值
最终 pH 值	10.5 ～ 11
温度 /℃	70 ～ 80
浓度 /%	≥ 11
停留时间 /min	60 ～ 90
压力 /bar	升流式 2.5 ～ 5，降流式标准大气压

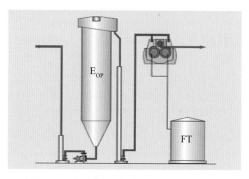

图 6-7　升/降流式碱抽提的工艺流程

Ⅱ.过氧化氢漂白：H_2O_2 是一种弱氧化剂，为无色透明的液体，能与水、乙醇和乙醚以任何比例混合，工业产品为30%～70%的水溶液。纯净的过氧化氢相当稳定，但与过渡金属如锰、铜、铁及紫外光、酶等接触易分解，可加入少量 N-乙酰苯胺、N-乙酰乙氧基苯胺作为稳定剂。早期 H_2O_2 漂白是在常压漂白塔内进行，因为 H_2O_2 在高温下会分解，要在100℃以上漂白是不可能的。经研究发现主要是设备金属表面引起 H_2O_2 分解，采用较高温度加快反应速度、缩短反应时间成为可能。1993年引入了效率更高的压力 H_2O_2 漂白工艺，可以缩短反应时间，简化过程控制，相同用量的 H_2O_2 会有更高的白度。压力 H_2O_2 漂白可以把温度作为控制参数，通过调节温度，控制 H_2O_2 消耗达到所需白度。

在过氧化氢漂白过程中，脱木素过程和漂白过程是同时进行的。现在，多数工厂在 TCF 或轻 ECF 中使用过氧化氢漂白时都采用压力过氧化氢漂白（PO）段，这一阶段是在氧存在的情况下在80～100℃的高温下运行，通过这种方式漂白还可以增加浆的白度，在 ECF 中引入 PO 段还可以减少二氧化氯的消耗。PO 段是升流式的，常压 P 段可以是升流式或升 / 降流式。表 6-8 为 PO 段和常压 P 段的运行条件，图 6-8 为 PO 段的工艺流程。

表 6-8　PO 段和常压 P 段运行条件

运行条件	PO 段	常压 P 段
最终 pH 值	9.5 ～ 11	9.5 ～ 10.5
温度 /℃	80 ～ 100	80 ～ 85
浓度 /%	≥ 11	≥ 11
停留时间 /min	60 ～ 120	60 ～ 180
压力 /bar	3 ～ 5	标准大气压

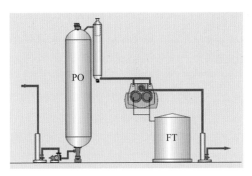

图 6-8　PO 段的工艺流程

常压 P 段可以用于最后的漂白段，最后一段使用 P 段而非 D 段可以减少白度降低的可能性。

Ⅲ. 臭氧漂白：臭氧是作为非氯漂剂的一种，是应环保要求而发展起来的，在适当条件下也能提高纸浆强度。但由于臭氧对纤维素与木素的氧化无选择性，因此在破坏木素结构的同时，也使纸浆黏度下降，但对成纸强度影响较小。臭氧漂白阶段混合器是很关键的设备，通常臭氧的质量分数只有 10% ～ 14%，总气体体积很大，臭氧段的效率取决于反应气体体积，高压和高臭氧浓度可以节省混合能耗。

臭氧是针对化学浆的有效漂白剂，它在漂白顺序中次序可以有很多变化，但是多数情况下臭氧漂白可以置于氧脱木素之后，同时在臭氧漂白之前通常需要对浆进行酸处理，去除浆中的金属离子。臭氧漂白可以在中浓（10% ～ 12%）或者高浓（35% ～ 40%）条件下进行。美卓造纸机械公司的 ZeTrac 高浓臭氧漂白系统是在高浓条件下的臭氧漂白，ZeTrac 系统可以用在 ECF 或 TCF 中，通过臭氧漂白可以降低漂白化学品成本。

表 6-9 为 ZeTrac 系统的运行条件，图 6-9 为 ZeTrac 系统的工艺流程。

表 6-9　ZeTrac 系统运行条件

运行条件	参数值
浓度 /%	35 ~ 40
温度 /℃	40 ~ 60
pH 值	2.5 ~ 3
停留时间 /s	30 ~ 60

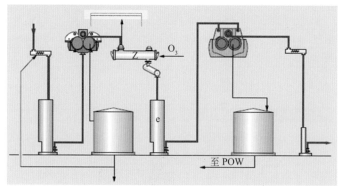

图 6-9　ZeTrac 系统的工艺流程

Ⅳ. Q 段。Q 段是在过氧化氢漂白之前使用螯合剂来减少过渡金属离子的含量，尤其是锰的含量。pH 值在 5 ~ 7 时 Q 段可以去除大部分过渡金属离子，在 Q 段之后有必要通过有效的洗涤来去除浆中的螯合金属离子。

Ⅴ. 过氧酸漂白。过氧酸漂白中常用的有过硫酸（H_2SO_5）和过乙酸（CH_3COOOH），其漂程常记作 Paa。过氧酸可以降低纸浆卡伯值，增加白度。过硫酸常用硫酸和 H_2O_2 在现场反应制备，采用过硫酸会向系统引入大量的硫元素，同时还要用大量的 NaOH 来中和酸。过乙酸是醋酸和 H_2O_2 反应的产物。上述两种过酸对过渡金属元素的敏感程度比 H_2O_2 要低很多。由于过氧酸有较强的脱木素作用，可以取代或强化氯化，实现无元素氯漂白。过氧酸漂白的最佳 pH 值和 ClO_2 漂白很接近，最佳温度也在相同的范围内，而且过氧醋酸和 ClO_2 之间不会迅速反应。

2）ECF 漂白工艺流程　ECF 漂白技术是以 ClO_2 部分或全部代替 Cl_2 的无元素氯漂白。ClO_2 是一种优良的漂白剂。采用 ClO_2 代替 Cl_2 漂白，可以明显降低二噁英的产生量。

关于 ECF 的流程有许多种，目前 ECF 漂白工艺的典型流程为 $D_0E_0D_1D_2$ 或 $D_0E_{OP}D_1D_2$。ECF 工艺的发展大致经历了 3 个阶段，即 ECF_1、ECF_2、ECF_3。

① ECF_1 阶段通过扩大 ClO_2 制备能力，提供更多的 ClO_2，在原来漂

白系统的氯化或次氯酸盐漂白段采用 ClO_2 取代（或部分取代）元素氯，从而降低了废水污染。

② ECF_2 阶段通过技术改造，制浆采用深度脱木素技术，漂白前采用氧脱木素技术，再进行用 ClO_2 取代元素氯的漂白。漂白前除去更多的木素使漂白过程降低能耗和药品消耗，和 ECF_1 相比，可节能 30%，工厂废水量可减少 50%。

③ ECF_3 阶段在更现代化的工厂，采用深度脱木素和氧脱木素，纸浆用不含氯化合物的漂剂（如臭氧和 H_2O_2）后，只在最后一段采用 ClO_2 漂白。这样可以进一步改进废水质量，和 ECF_1 相比，工厂废水量可减少 70%～90%，大部分废水可以回用。ECF_3 工艺可保证在 ClO_2 漂白前全部制浆漂白废水都可以循环回用，只有少量残余木素被氯化产生污染。

图 6-10 为某制浆企业的 ECF 漂白工艺流程，其漂白次序为 A-D_0-E_{OP}-D_n-D，该工艺设计生产白度为 92% ISO 的纸浆。

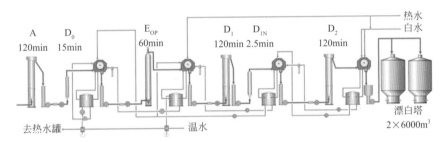

图 6-10 某制浆企业 ECF 漂白工艺流程

漂白的第 1 阶段为 AD_0 段，包括 2h 的酸阶段和 15min 的二氧化氯漂白阶段。酸阶段主要用于在二氧化氯漂白之前去除浆中的己烯糖醛酸，如图 6-11 所示，己烯糖醛酸（HexA）会增加浆的卡伯值，酸阶段会将浆的卡伯值降到 6 左右，然后进入 D_0 段。

D_0 段设计的停留时间为 15min，二氧化氯和木素可以在短时间内发生快速反应。

漂白的第 2 阶段为 E_{OP} 段，包括 60min 的加压反应，然后将浆打入到 DD 洗浆机。

漂白的第 3 阶段为 D_n 段，这一阶段包括 120min 的升流式二氧化氯漂白塔，2.5min 的中和反应，中和反应可以提高 D_1 段的 DD 洗浆机洗浆效果，同时也可以提高 D_2 段的效率。

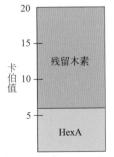

图 6-11 典型桉木浆中 HexA 含量

最后的一段漂白为最终的 D 段漂白，这一段漂白包括 120min 的升流塔，塔的高度可以使浆料通过重力进入 DD 洗浆机。

该漂白系统还增加了滤液循环利用系统，根据 COD 浓度不同，收集和回收利用不同洗浆机的滤液，可以最大限度地减少水的消耗和废水的排放。

3）TCF 漂白工艺流程

TCF 的优点是漂白废水中不含有机氯化物，废水可以循环使用，并可进入碱回收系统燃烧回收，从而减少或消除了漂白废水的污染，有望实现漂白硫酸盐浆厂的零排放。缺点是漂白浆成本较高，且由于臭氧的选择性较差，漂白浆的强度也较低。

世界上第一家 TCF 漂白纸浆厂是 1996 年 3 月芬兰 Metsa-Rauma 浆厂投产的全无元素氯漂白系统，该厂年产 BKP 木浆 5.0×10^5t。蒸煮采用深度脱木素技术，生产两种纸浆：一种白度较高（88% ISO），用于不含磨木浆的纸；另一种白度为 85% ISO，强度好，用于含磨木浆的纸。漂白用 O_2、O_3、NaOH 及 H_2O_2，采用中浓漂白系统（浆料浓度 12%）。该厂吨纸耗水 15m³（包括热电站冷却水 10m³/t 浆及热交换器用水可部分回用）。

TCF 漂白可用的化学药品有氧气（O）、过氧化氢（P）、臭氧（Z）、酶（X）、连二亚硫酸盐、螯合剂及二氧化硫脲等。前 4 种为含氧漂剂，漂白作用主要是氧化脱除木素，酶和螯合剂等为催化剂或稳定剂。连二亚硫酸盐和二氧化硫脲等为还原剂，漂白作用是使木素还原加氢，从而稳定纸浆白度。

图 6-12 为漂白次序为 Q（PO）的 TCF 漂白工艺，图 6-13 为漂白次序为（Zq）（PO）的 TCF 漂白工艺，图 6-14 为漂白次序为 Q(OP)Zq(PO) 的 TCF 漂白工艺。

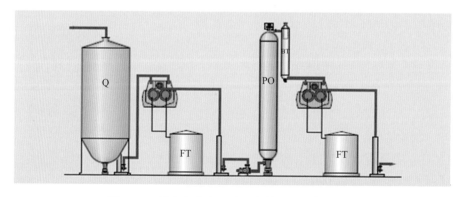

图 6-12　漂白次序为 Q（PO）的 TCF 漂白工艺

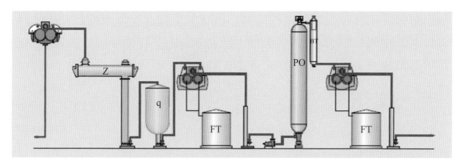

图 6-13　漂白次序为（Zq）(PO) 的 TCF 漂白工艺

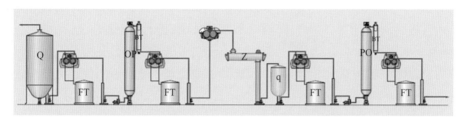

图 6-14　漂白次序为 Q（OP）Zq（PO）的 TCF 漂白工艺

6.2.2　外部添加剂的使用

除了在含氯漂白工序中产生二噁英外，消泡剂和防腐剂的使用也是二噁英的重要来源。

6.2.2.1　消泡剂

造纸工业中的泡沫问题是影响纸张质量的一个重要的因素。虽然在整个造纸工业中消泡剂的用量不大，但是其作用却不容忽视。从备料、蒸煮、洗选、漂白、供浆、施胶、涂布到废液的回收等各个环节都会产生泡沫，干扰正常的生产，使纸张质量下降。

首先，在制浆的生产过程中，泡沫的产生和存在会严重影响浆料的洗涤、筛选、漂白及打浆的正常进行和运转，影响和阻碍这些工艺条件的执行和设备效能的正常发挥。

其次，在造纸的生产过程中，泡沫的问题对其影响更大，如果浆料中存在着泡沫，会使流浆箱的上浆浓度波动，造成浆料的流动状态不稳定，泡沫能封闭湿纸表面的微孔，造成网部的脱水困难，使纤维和未分散的填料在网部絮凝，从而影响纸幅的匀度，产生次品；泡沫还会形成浮浆，使浆料在上网时出现团块，严重的时候还会造成断头，影响产品的产量和质量；在抄造板纸的时候，泡沫如果存在于纸板的层与层之间，就会降低层间的结合强度；另外，泡沫还会使纸和纸板产生泡沫孔、泡沫斑，树脂斑等。在抄造涂布纸的时候，如果储料罐和涂布辊处有大量的泡沫，就会使泡沫外溢，不仅影响到涂布的正常操作，从而造成涂料的损失，带有泡沫的涂布纸干燥时，泡沫内的空气受到热膨胀而破裂，在纸面上形成了凹陷点，从而破坏了纸面的光洁度和平滑度，影响到纸的印刷图案的精美和完整。另外，泡沫严重时还会增加涂料的黏度，使涂料的流动性变差。

泡沫的消除有化学法、物理法和机械法。目前使用最广泛的是化学消泡法，即使用消泡剂"抑制"泡沫的形成或者"破除"已经形成的泡沫。

纸浆的氯化过程常使用的油基消泡剂中含有二苯并二噁英（DBD）和二苯并呋喃（DBF）等二噁英的前驱物，是二噁英污染物的主要来源。这些前驱物，通过氯元素的加成、取代、置换等反应过程，最终生成多氯二苯并二噁英（PCDDs）或多氯二苯并呋喃（PCDFs）。有研究表明，使用油基消泡剂的粗浆在氯化作用后，四氯二苯并二噁英（TCDD）和四氯二苯并呋喃（TCDF）含量显著提高。因此在纸浆造纸过程中应尽量避免使用油基消泡剂，减少二噁英的产生量。除油基消泡剂以外，制浆造纸过程中还可以选择以下消泡剂。

（1）有机硅类消泡剂

有机硅消泡剂系由硅脂、乳化剂、防水剂、稠化剂等配以适量水经机械乳化而成。最常用的是聚二甲基硅氧烷，也称二甲基硅油。其特点是表面张力小，表面活性高，消泡力强，用量少，成本低。它与水及多数有机物不相混溶，对大多数气泡介质均能消泡。它具有较好的热稳定性，可在 $5 \sim 150℃$ 范围内使用；其化学稳定性较好，难与其他物质反应，只要配置适当，可在酸、碱、盐溶液中使用。

（2）聚醚类消泡剂

具有优良的消泡性能和稳定的抑泡能力，有较强的乳化、分散和渗透能力，与硅油、矿物油复配使用效果更佳，适用于 pH 值为 $4 \sim 10$ 环境中，可用于制浆、抄纸和涂布等工序。其种类主要有以下几种：a. GP 型消泡剂；b. GPE 型消泡剂；c. GPES 型消泡剂。

（3）脂肪酸及其衍生物

主要有脂肪酸酰胺、脂肪酸脂、脂肪酸、磺化脂肪酸、脂肪酸皂等。

其消泡和抑泡能力均优良，价格便宜，有较强的分散能力，能迅速快捷地脱除浆料中的气体和消除水面泡沫，对施胶的影响最小，而且使用成本较低，一般与矿物油、硅油等复配使用，以降低成本，适用于各个工序。

6.2.2.2　防腐剂

多氯酚类物质（PCP）常用作木材防腐剂，是形成二噁英的一个重要前驱物。一些造纸厂使用多氯酚类物质作为木材和非木材纤维材料的防腐剂，在这些工厂的废水中已经发现了八氯二苯并二噁英。许多国家目前已不使用经 PCP 处理过的木片作原料，自从 1992 年以后，加拿大环境保护局就禁止使用五氯苯酚或四氯苯酚作为木材或者木材制品的防腐剂。我国环境保护部、海关总署先后联合发布《中国禁止或严格限制的有毒化学品目录》（1998 年）《中国严格限制进出口的有毒化学品目录》（2014 年），严格限制五氯酚的生产、使用和进出口。

6.3　间接影响工序清洁生产技术

6.3.1　低卡伯值蒸煮技术

低卡伯值蒸煮的目的是在浆料蒸煮阶段尽可能较多地脱除粗浆中的木素，以减少化学品的消耗，使制浆脱木素产生的绝大部分有机污染物进入碱回收系统，减少进入漂白工序的残余木素量，进而减少漂白工段二噁英的产生量。

蒸煮前后浆料的卡伯值将决定成浆效率和化学品消耗情况。当前，许多低卡伯值蒸煮技术已经相对成熟，如改良连续蒸煮（MCC）、延伸改良型连续蒸煮（EMCC）、等温连续蒸煮（ITC）、低固形物蒸煮（Lo-solids Cooking）、紧凑蒸煮（Compact Cooking）、间歇蒸煮（RDH）、超级间歇蒸煮（Super Batch）等。

MCC 技术工艺特点是起始碱的浓度低，以及蒸煮后期木素和钠离子浓度低。该技术是在常规连续蒸煮器基础上增加一个逆流蒸煮区，能够提高浆的黏度和强度，降低粗渣率，提高蒸煮选择性。

EMCC 技术将 MCC 的高温洗涤区改为逆流蒸煮／洗涤区，即在洗涤区的洗涤循环泵入口添加白液总量的 10%～15%，由于进一步降低了有效碱质量浓度，使得蒸煮后期的溶解木素浓度降低，延长蒸煮时间（约 3h），降低了蒸煮温度。针叶木经深度脱木素卡伯值可降至 15 以下，且纸浆强度没任何损失。

ITC 技术是在 EMCC 基础上，通过增大高温洗涤循环加热器和循环泵的抽出能力而形成的新的 ITC 循环。由于 ITC 循环提高了蒸煮后期的流量和循环量，蒸煮过程白液分配比例为 3∶1∶1，使蒸煮器周边与中心温度分布一致，蒸煮更均匀。

Lo-solids Cooking 技术的蒸煮器共分成 4 个工艺单元，每个单元之间由 2 组筛板相隔，从上至下依次为顺流预浸区、逆流加热 / 蒸煮区、顺流蒸煮区、逆流加热蒸煮 / 洗涤区。该技术突出特点是能尽快抽出溶解的固形物，随后用白液和洗涤液稀释残留的溶解固形物，以便达到尽可能降低蒸煮液中溶解固形物的浓度，使蒸煮过程最佳化。并且由于能够良好控制卡伯值，并在给定卡伯值下提高纸浆强度，改善了纸浆漂白性能，减少漂白化学药剂消耗。

Compact Cooking 技术主要特点体现在：a.低蒸煮温度：针叶木 150℃，阔叶木 140℃；b.均匀蒸煮，卡伯值波动低；c.相同卡伯值时有较高蒸煮得率；d.极低的浆渣含量（0.5%）；e.浆料强度高；f.浆料黏度高；g.良好浆料可漂性；h.无加热药液循环和黑液闪蒸，系统全封闭，基本不产生臭气。

RDH 技术是通过间歇蒸煮器在蒸煮锅内扩散洗涤置换循环的原理，利用洗涤系统的滤液置换蒸煮废液，在蒸煮器中进行初步洗涤，将蒸煮废液和热量置换出来，进行冷喷放。RDH 技术能够深度脱木素从而降低卡伯值，由于浸渍段用了黑液，而黑液硫化度比白液高很多，有利于木片中木素硫化，从而为随后的白液蒸煮，大量溶出木素创造条件。其制浆强度有所提高，硬度降低，可减少污染并节省汽耗。

Super Batch 技术原理与 RDH 间歇蒸煮相同，采用黑液处理预浸工艺这种专利技术实现高温快速脱木素，降低纸浆硬度，提高纸浆强度和得率，比 RDH 工艺技术简单。

6.3.2 高效纸浆洗涤技术

采用新型洗浆机、多段逆流洗涤封闭筛选等有效的纸浆洗涤方式，可以提高漂前纸浆的洗净度，降低水中有机物的含量，降低纸浆中残余木素等二噁英前体的含量，减少漂白工段二噁英的产生量。

（1）高效黑液提取设备的应用

洗浆设备各式各样，比较不同洗浆设备的洗涤效率通常采用诺顿指数（Norden Number），即在10%浓度和相同稀释因子下运行的等效混合段数。表6-10列出了一些常用洗浆机的诺顿指数。

表6-10　各种洗浆机洗涤效率（稀释因子为2.5）

洗浆机类型	诺顿指数 N_{10}
蒸煮器洗涤区	6.0~9.0
压力扩散洗浆机	5.0~5.5
一段常压扩散洗浆机	3.5~4.0
两段常压扩散洗浆机	6.5~7.5
压榨洗浆机	3.5~4.5
CB洗浆机	3.5~4.5
两段DD洗浆机	7.0~9.0
三段DD洗浆机	9.0~11.0
四段DD洗浆机	12.0~15.0
鼓式真空洗浆机	3.0~4.5

对于粗浆洗涤，需要的诺顿指数为12~15个单位，排放到下一工序的COD量 <100kg/ADMt。从表6-10可见，对于粗浆洗涤，在蒸煮器内设置洗涤区是最为有效的。此外，使用压力或常压扩散洗浆机也可得到较高的洗涤效率，特别是采用两段常压扩散洗浆机，因可布置在喷放锅顶部，节省用地，比压力扩散洗浆机更具有优越性。多段DD洗浆机同样可以具有良好的洗浆效果，但与扩散洗浆机比较，其投资大、操作维修复杂。

高效黑液提取设备的应用，提高了粗浆的洗净度和黑液的提取率、黑液浓度及温度。在洗浆系统减少了污染物流失，降低纸浆进入漂白系统时污染物的夹带，可以间接减少漂白工段二噁英的产生量。

（2）封闭的洗浆——中浓筛选工艺

封闭洗筛的目的是以最低的稀释因子，尽可能高效置换出粗浆中的固形物，使洗筛系统消除废水外排。

传统的开放筛浆系统排水量可达50 ~ 100m³/t浆，若洗涤系统也基本是开放的，则耗水量可高达200 ~ 300m³/t浆。而封闭筛选系统则无废水外排，实现以最低的稀释因子，高效扩散，置换出粗浆中的固形物。制浆逆流洗涤中浓封闭筛选系统的关键设备是压力筛，从CX筛式筛选改为封闭筛选，在节水节能，提高黑液浓度进而提高其提取效率方面成效显著。

参考文献

［1］ 王忠厚.制浆造纸工业技工培训教材.制浆造纸工艺（第二版）［M］.北京：中国轻工业出版社，1995.

［2］ 宋云，王洁，程言君.活性污泥法对草浆漂白废水AOX去除效果的调查研究［J］.环境保护，2000（9）：35-37.

［3］ 方战强.纸浆漂白废水的毒性研究及其关键毒性物质的鉴别［D］.广东：华南理工大学，2003.

［4］ 高扬，闫冰.纸浆漂白废水的污染及其防治途径［J］.纸和造纸，2000(4)：45-46.

［5］ 刘瑞恒，付时雨，詹怀宇.氧脱木素过程中氧自由基的产生及其脱木素选择性［J］.中国造纸学报，2008，(1)：90-94.

［6］ 崔红艳.氧脱木素技术研究及应用进展［J］.黑龙江造纸，2011,39(3)：42-48.

［7］ 邓小娟，张升友.脱木素程度对制浆和漂白废水负荷的影响［J］.国际造纸，2008,27(1)：29-33.

［8］ 李玉峰，陈嘉川，庞志强，等.过氧化氢在降低二氧化氯漂白废水中AOX含量的应用［J］.造纸化学品，2008,20(2)：36-38.

［9］ 王双飞.非木材纸浆的无元素氯漂白与二氧化氯制备系统的国产化［J］.中华纸业.2009,30(17)：70-72.

［10］ 邝仕均.无元素氯漂白与全无氯漂白［J］.中国造纸，2005,24（10）：51-56.

［11］ 王延妮.浅析造纸行业消泡剂［J］.黑龙江造纸.2015,43（3）：25-27.

［12］ 李友明，陈中豪，胡健.纸浆氯化过程有机氯化物的形成特点［J］.中国造纸学报.2000,15 (S1)：86-90.

［13］ Allen L H, Berry R M,Fleming B I et al. Evidence that oil-based additives are an indirect source of the TCDF produced in kraft bleach plants［J］. Chemosphere. 1989,19（1）：741-744.

［14］ 程言君，吕竹明，孙晓峰.轻工重点行业清洁生产及污染控制技术［M］.北京：化学工业出版社，2010.

第7章

二噁英监测技术

二噁英类在环境中含量很低，一般为皮克（10^{-12}）量级，甚至达到飞克（10^{-15}）量级。含有二噁英类的样品，只有经过前处理过程浓缩至 $1/10000 \sim 1/1000$ 才能进行仪器分析。而且由于基质中同系物及其他氯代化合物等干扰组分的影响，还必须用超高灵敏度的分析设备、良好的净化技术及特异性的分离手段才能满足分析要求。

从 20 世纪 70 年代开始，分析设备从当初采用的气相色谱（ECD、FID、AED）、填充柱气相色谱/低分辨质谱、毛细管柱气相色谱/低分辨质谱发展到目前普遍采用的毛细管柱高分辨气相色谱/高分辨质谱，检测灵敏度也从当初的常量、微量发展到今天的痕量分析。

由于仪器法前处理复杂、检测周期长，成本较高，无法满足快速筛选的需要，使其在环境、食品和卫生领域的应用受到极大限制。近 20 年来，分子生物学领域的研究异常活跃，其中特异性强、灵敏度高、操作简便且分析时间短的生物检测技术发展迅猛，产生了多种二噁英类生物学检测方法。

7.1　二噁英监测技术概况

环境中二噁英的分析属于超痕量、多组分分析，其分析测定必须具备有效的采样技术、定量提取和净化技术、异构体的高效分离定性定量技术。经过几十年的发展，二噁英检测已经形成仪器分析方法和生物分析法两大类方法体系（见图 7-1）。

美国环境保护署（EPA）发布了 3 种监测方法，欧盟发布了 3 种监测方法，日本发布了 2 种监测方法，其中定量分析全部采用了仪器分析法

（高分辨气相色谱 - 高分辨质谱法）进行测试（见表 7-1 ）。

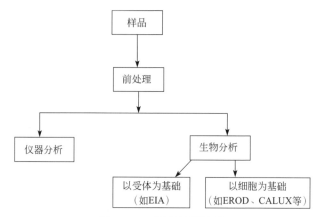

图 7-1　二噁英检测流程

表 7-1　国外二噁英监测方法

序号	发布者	标准号	标准名称	实施时间
1	美国	EPA Method 1613b	同位素稀释法测定四到八氯代二噁英和呋喃	1994
2		EPA Method 1668B：2008	高分辨气相色谱 / 高分辨质谱分析水、土壤、沉积物和组织中的多氯联苯	2008
3		EPA Method 8290	高分辨率气相色谱 / 高分辨率质谱分析多氯二苯并二噁英和多氯二苯并呋喃	1994
4	欧盟	EN 1948-1	固定源排放 PCDDs/PCDFs 的质量浓度测定第 1 部分：取样	1996
5		EN 1948-2	固定源排放 PCDD/PCDF 和类二噁英质量浓度测定，第 2 部分：PCDD/PCDF 萃取和净化	2006
6		EN 1948-3	固定源排放 PCDD/PCDF 质量浓缩测定，第 3 部分：识别和定量	1997
7	日本	JSA JIS K 0311	固定源排放中 4 ~ 8- 氯代二苯并对二噁英、4 ~ 8- 氯代二苯并呋喃和类二噁英的多氯联苯并的含量测定方法	2005
8		JSA JIS K 0312	工业水和废水中 4 ~ 8- 氯代二苯并对二噁英、4 ~ 8- 氯代二苯并呋喃和类二噁英的多氯联苯并的含量测定方法	2005

截至目前，中国已经发布了 6 项环境介质中二噁英检测标准（见

表 7-2），涵盖气相、水相、固相中二噁英的测试，测试方法全部为质谱法，且绝大多数为高分辨质谱法，要求 2,3,7,8-TCDD 仪器检出限应低于 0.1pg。2013 年，环境保护部发布《土壤、沉积物二噁英类的测定同位素稀释 / 高分辨气相色谱 - 低分辨质谱法》（HJ 650—2013），适用于土壤和沉积物中二噁英类物质的初步筛查，该标准中规定的低分辨质谱法要求当土壤样品取样量为 20g 时，对 2,3,7,8-TCDD 的检出限应低于 1.0ng/kg。

表 7-2　中国发布的二噁英检测标准

序号	标准号	标准名称	标准发布时间
1	HJ/T 365—2007	危险废物（含医疗废物）焚烧处置设施二噁英排放监测技术规范	2007-11-01
2	HJ 77.1—2008	水质二噁英类的测定同位素稀释高分辨气相色谱 - 高分辨质谱法	2008-12-31
3	HJ 77.2—2008	环境空气和废气二噁英类的测定同位素稀释高分辨气相色谱—高分辨质谱法	2008-12-31
4	HJ 77.3—2008	固体废物二噁英类的测定同位素稀释高分辨气相色谱 - 高分辨质谱法	2008-12-31
5	HJ 77.4—2008	土壤和沉积物二噁英类的测定同位素稀释高分辨气相色谱 - 高分辨质谱法	2008-12-31
6	HJ 650—2013	土壤、沉积物二噁英类的测定同位素稀释 / 高分辨气相色谱—低分辨质谱法	2013-09-01

7.1.1　二噁英仪器分析方法

首先通过高效气相色谱在样品的 200 余种异构体中分离出 17 种有明显毒性的二噁英，再通过高效质谱分别测定其浓度或含量。将浓度或含量乘以每种二噁英的毒性因子（TEF）就可以得到总毒性当量（TEQ）。该方法的一般程序包括采样、提取、净化、定性定量。

（1）采样

样品的取样量由样品类型、污染水平和方法的检测限而定。各国对采样程序都单独编制了标准方法。

（2）提取

为了测定提取净化效率和校正分析丢失，首先加入 17 种 13C-PCDD/Fs 采样内标和 37Cl-2,3,7,8-TCDD 净化内标。溶剂选择和提取步骤取决于样品类型和净化方法，如在处理废弃物焚烧飞灰时溶剂选取石油醚 / 甲苯 / 二氯甲苯，在处理脂肪样品时溶剂选取二氯甲烷 / 己烷。提取步骤一般包括溶解、振荡、混匀和萃取。索氏萃取是传统的提取方法，广泛应用于检测飞灰、鱼、牛乳和脂肪组织样品中的二噁英。目前，超临界流体萃取装置（SFE）、加压加热型的高速溶剂萃取装置（ASE）和微波萃取方法也用于提取样品中的二噁英，并有大量对比实验证明了这些方法的有效性。

二噁英类的分析测定被视为现代有机分析的难点，它要求超微量多组分定量分析，分析仪器多采用气相色谱/质谱联用仪（GC/MS）。测定环境二噁英类必须具备的技术条件包括：有效的采样技术、从样品中提取出 $10^{-15} \sim 10^{-12}$ 量级的二噁英类、从初步的粗提物中分离去除其他有机物、分离出与二噁英类性质接近的其他氯代芳香族有机物、高效分离二噁英类异构体、可靠定性和准确定量以及安全防毒的实验条件等。

美国、日本和欧洲均制定了环境二噁英类的排放标准和有关监测分析方法标准，而且针对不同基质或对象（来源）的样品有不同的二噁英类标准分析方法，这主要是因为基质不同的二噁英类样品其前处理方法有很大的不同。

现代分析方法采用分辨率 10000 以上的高分辨质谱仪（HRMS），并使用 17 种以上的同位素标记二噁英类作为内标物质，可以对全部 17 种 2,3,7,8- 位氯代异构体准确定量，大大提高了分析灵敏度和准确性。这些二噁英类分析方法在使用同位素标记化合物作为内标物质、液 - 液萃取和索氏提取、硅胶柱净化、HRGC/HRMS 定性和定量等方面的技术路线基本是一样的。

（3）净化

为了除去大量干扰物质，目前大多采用色谱法进行净化。样品净化浓缩流程如图 7-2 所示。色谱法通常将分配处理柱和色谱柱串联使用，包括酸或碱处理、硅胶柱、氧化铝柱、佛罗里柱和活性炭柱的二次净化，具体操作因样品类型和基质性质而异。目前，一些实验室正在开发一次性多层柱（如微型氧化铝柱）和 HPLC 净化方法来简化净化过程。净化后要加入 15 种 13C-PCDD/Fs 定量内标和 2 个 13C 标记的用于确定色谱保留时间的内标。

（4）定性定量

通常定性检测采用 2 类不同极性的色谱柱。首先用非极性或弱极性固定相将氯原子取代数相同的二噁英化合物分为 1 组，然后用极性固定相分离其中的异构体，最后通过对 17 种标记的和未标记的标准样品实施比较，获取保留时间。定量检测主要采用选择离子监测技术（SIM），以 13C 稳定同位素为内标，根据测量目的用质量校正程序校正质谱模式、分辨率（M/M=10000 以上，10％谷峰）等，并储存质量校正结果。对氯不同取代程度的异构体分别定量，仪器可选择高分辨质谱仪（HRMS）、四级杆低分辨质谱仪（LRMS）。

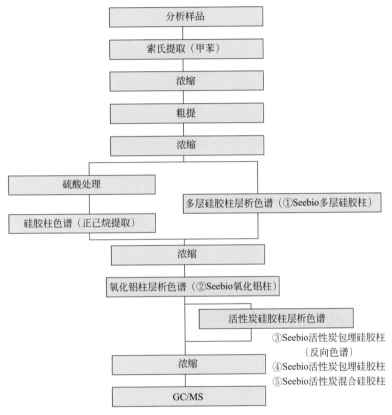

图 7-2　样品净化浓缩流程

7.1.2　二噁英生物学检测方法

目前建立的生物学检测方法均是通过对 Ah 受体活化程度的测定来间接表达二噁英的 TEQ。常见方法如下所述。

（1）EROD（7- 乙氧基 -3- 异吩噁唑酮 - 脱乙基酶）细胞培养法

二噁英与 Ah 受体结合活化后，被 Ah 受体核转位因子（ARNT）转移到细胞核内，活化的核内基因是特异性 DNA 片段即二噁英响应因子（DRE）。启动发挥毒性的基因并增加其转录，从而激活 EROD 酶的活性。所以通过测定 EROD 酶的活性，可以了解二噁英激活 Ah 受体的能力，进而获得测试样品中二噁英的 TEQ。

（2）萤光素酶方法

该方法是将萤火虫萤光素酶作为报告基因结合到控制转录的 DRE 上，制备成质粒载体并转染 H4IIE 大白鼠肝癌细胞系（含 Ah 受体传导途径的各个部件）。以此构成的 CALUX 系统萤光素酶诱导活性与二噁英的毒性系数相对应，最终测定的结果也是 TEQ。

（3）EIA 酶免疫方法

该方法是根据鼠单克隆抗体 DD3 与二噁英结合的特点而建立的竞争抑制酶免疫方法。使用酶竞争配合物（HRP）和样品中二噁英共同竞争有限的 DD3 抗体的特异性结合位点，以一系列不同浓度的 2,3,7,8-TCDD 为标准物质，作出 2,3,7,8-TCDD 标样与对应样品的剂量 - 效应曲线，样品中二噁英毒性强度以计算出的 TCDD 毒性等价浓度间接表示。最终通过测定 DD3 与 HRP 螯合物的荧光强度来反映二噁英的 TEQ。螯合物的荧光强度与二噁英的 TEQ 呈反比。

（4）DELFIA 法

DELFIA（时间分辨荧光免疫分析）利用生物基因技术选择出合适的抗原键合铕离子与样品中二噁英竞争单克隆抗体，待免疫反应完全后加入荧光增强液，使铕离子从抗原中解离下来，进入增强液，形成胶束，高效地发出荧光。螯合物最终用时间分辨荧光法分析，其荧光强度与二噁英的 TEQ 呈反比。

7.1.3　二噁英检测方法分析比较

（1）化学仪器检测的优点和缺点

目前，高分辨气相色谱 / 双聚焦磁式质谱联用仪（HRGC/HRMS）法是被认可的二噁英标准检测方法，如美国的 EPA 1613 方法和日本工业用的 JIS K0311 方法。它们具有检测灵敏度高和能同时检测多个离子等优点，但所要求的样品前处理过程非常复杂，导致检测成本上升，一般检测 1 个样品需要 900 ～ 1800 美元。检测工作只能在少数专业化程度较高的实验室中进行，而建造二噁英专业检测实验室一般需要投资数百万美元以上。所有这些不利因素都制约着对二噁英开展大规模、大范围的低成本检测与研究。

在实际检测过程中，使用 GC/HRMS 法可保证灵敏度，简化前处理步骤，缩短检测时间，降低检测成本，但仍需在专业实验室中完成；使用 HRGC/LRMS 法可极大降低在检测仪器方面的投入，但当每克样品中二噁英浓度低于 pg/g（量级）水平时，却无法获得可靠的检测结果。因而 HRGC/LRMS 法仅适用于检测二噁英浓度较高的污染源样品和污染较重的土壤样品。例如，美国的 EPA 8280 方法可检测出土壤、底泥、飞灰和燃油等样品中含 4 ～ 8 个氯的二噁英化合物，不能用于检测如食品等二噁英含量较低的样品。

（2）生物学检测优点和缺点

目前生物学检测方法主要用于对二噁英样品的定量筛选。研究表明，EROD（7-乙氧基-3-异吩噁唑酮-脱乙基酶）细胞培养法具有较好的准确性和较宽的线性范围，但测得的样品 TEQ 略高于使用标准方法获得的结果。萤光素酶方法在牛乳样品二噁英检测实验中，与标准方法相比在检测结果方面比较一致，说明该方法可用于食品样品的二噁英毒性检测。上述都属于细胞培养法，检测时需要配制各种浓度的细胞试液，一般化学实验室不具备这样的条件，而且培养时间长达 24h，整个检测过程需要数日，不能满足快速检测的要求。此外，EIA 酶免疫方法与标准方法相比，测得的 TEQ 值也比较一致，但灵敏度比较低。

DELFIA（时间分辨荧光免疫分析）法是一种最新的二噁英检测方法，由于不需要细胞内诱导活化过程，体外活化时间仅需 2h，因此 1 个批次样品检测可在 8h 内完成，极大地提高了检测效率。使用铕标记抗原，采用时间分辨荧光技术，可以消除非特异性荧光的干扰，使免疫方法的灵敏度大大提高。由于灵敏度的提高，检测所需试样量少，因此降低了检测成本。一般 1 个样品的平均检测成本仅 10 ～ 15 美元。同时，该方法对实验条件要求不高，大部分检测工作均可在常规实验室甚至现场完成，无须建造专业实验室的高成本投入，适于对大批量样品实施快速定量筛选。二噁英类物质检测方法的对比如表 7-3 所列。

表 7-3　二噁英类物质检测方法的对比

检测方法	前处理	检测周期	灵敏度 /（pg/g）
HRGC/HRMS	复杂	14d	0.010
EIA	比较简化	2d	0.500
DELFIA	十分简化	<24h	0.100
EROD	比较简化	3d	1.000
CALUX	比较简化	3d	0.025

（3）检测方法的选择

以 HRGC/HRMS 法为代表的化学仪器分析方法具有检测灵敏度高、选择性好、特异性强等优点，但其样品前处理过程比较复杂，对实验条件的专业化程度要求高，检测时间长，检测成本高，因而具有一定的应用局限性，主要用于样品规模较小、精度要求较高的专门检测。与其相比，生物检测方法的前处理过程比较简化，样品检测时间短、检测成本低，对实验条件的专业化程度要求不高，但是其检测灵敏度和精确度相对稍差，比较适用于大批量二噁英样品的快速定量筛选。

目前，应结合实际需要，在满足降低成本、提高效率的前提下，综合利用各种检测方法的优势，尽快建立起能够满足定量筛选、常规检测和认证分析等不同要求、符合我国国情的多层次分级二噁英检测体系。在该体系内，低成本、快速的生物检测方法可应用于一般食品检测和环境监测，如定量筛选大规模的污染源样品等。而一般的化学仪器分析包括 GC/HRMS 法和 HRGC/LRMS 法，可应用于对筛选出的样品进行较高精度的检测，这对推动我国的二噁英基础研究和污染防治工作将起到积极的作用。

7.2　制浆造纸行业二噁英监测样品采集与制备技术

在制浆造纸企业排放的废水中，二噁英的浓度在 3 ～ 210pg TEQ/L 之间。目前，《制浆造纸工业水污染排放标准》（GB 3544—2008）要求 2011 年 7 月 1 日起，所有企业车间或生产设施废水排放口废水中二噁英浓度限值为 30pg TEQ/L。

7.2.1　采样对象

根据制浆造纸行业二噁英产生的原因，针对制浆造纸企业的二噁英监测对象包括清水、车间废水、污水处理设施总排口出水、原料、漂前浆、漂后浆、纸产品、污水处理设施产生的污泥。

7.2.2　采样频率

（1）液体样品

液体样品的采样时间、频次应能反映污染物排放的变化特征而具有较好的代表性，一般需要采集平行样品。制浆造纸企业一般为24h连续生产，液体样品采样时可采24h混合样。

对于企业间歇、非连续生产的，由于样品均匀性不能保证，不适合采样，如必须进行采样，应该按生产时段分段采集样品，并对每个样品单独分析。液体样品采样时，流量、常规污染物浓度和二噁英浓度应同时测量，并尽可能实现流量与污染物浓度的同步监测。不能实施同步监测时，监测结果应能反映正常和非正常生产状况下的实际污染物排放总量。

（2）固体样品

固体样品中污染物浓度较为稳定，可按生产周期批次，采取简单随机抽样或分层抽样等方式采样。

7.2.3 样品采集

（1）液体样品

需要按照高分辨质谱（HRMS）的最低检测限确定液体样品的最低采样量，一般来说，清水样品采样量不低于100L，车间废水样品采样量不低于30L，污水处理厂总排口出水样品采样量不低于30L。使用不锈钢采样器具采集液体样品，采样前用丙酮清洗不锈钢采样器具2～3遍。

采集水池、水井、排水渠等处的液体样品时，使用不锈钢采样器具采集；采集封闭管道中的液体样品时，应先放水数分钟，使积留在管道中的杂质和陈旧水排出，然后再取水样。采集水样前，应先用水样洗涤采样容器、盛样瓶及瓶塞3次。

采样时应记录液体样品的名称、来源、液体样品总数量、保存状况、采样点位、采样日期、采样人员、液体样品采样量等信息。采样人员应及时填写采样记录或采样报告。

液体样品的样品量较大，在运输距离短且运输方便时可以考虑将采集的液体样品直接运输回实验室。在运输条件不方便时，宜采用现场富集方式对液体样品进行富集后再运输回实验室。液体样品现场富集装置如图7-3所示，富集装置使用前需使用超纯水以及甲苯、丙酮进行清洗。

现场富集液体样品时需先加入采样二噁英类内标，该采样内标很难溶于水。在液体样品加采样内标前，需先将1ng采样内标加入丙酮中，摇匀，使采样内标充分溶解于丙酮中。最后将溶有采样内标的丙酮加入水中，搅匀，将样品密封静置24h，然后用富集装置对样品进行富集。

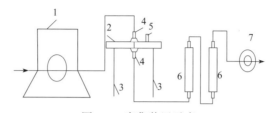

图7-3　富集装置示意

1—蠕动泵；2—大体积水富集圆盘；3—圆盘支架；4—耐压接口；
5—排气阀；6—PUF+XAD-2-吸附柱；7—流量计。

1）富集装置操作方法　打开蠕动泵，打开装置的排气阀，将大体积水富集圆盘里面的空气排空，逐步将整个吸附装置里面的空气全部排空，调节转速，控制水样的过滤速度（200～400mL/min）。水样首先经过超细玻璃纤维滤膜（直径293mm，孔径0.45μm.），然后通过PUF和XAD-2树脂进行吸附。最后经过流量计计量过滤的水的体积。

液体中可能含有一些细小的颗粒物，如漂白废水中含有大量的纤维。在富集过程中可能会遇到滤膜堵塞的情况，此时需要更换滤膜。

2）滤膜堵塞的判断标准　蠕动泵难以将液体压过富集圆盘、进水管已经开始有气泡往外走。更换滤膜的流程为：首先将进水管滞空，将现有液体全部通过吸附圆盘，待滤膜抽干的时候打开富集圆盘，将已经堵塞的滤膜取出，多次向内折叠后装入棕色的样品瓶保存，更换新的滤膜，继续采样。滤膜更换操作可进行多次，直至该样品富集完毕。样品富集完成之后，将滤膜和XAD-2树脂以及PUF装入棕色的样品瓶中，密封、低温、避光保存。每个样品结束之后，使用超纯水以及甲苯、丙酮对整个富集系统进行清洗，清洗液收集后与样品一同分析。

（2）固体样品

固体样品采样应由接受过专门的技术培训并且掌握固体废物中二噁英类分析技术的人员完成。采样人员应熟悉采集的固体样品的性状、掌握采样技术、懂得安全操作的相关知识和应急处理方法。

采样工具应保持清洁，必要时应用水和有机溶剂清洗，避免采集的样品间的交叉污染。

采样时应记录固体样品的名称、来源、固体样品总数量、保存状况、采样点位、采样日期、采样人员、固体样品采样量等信息。采样人员应及时填写采样记录或采样报告。

需要按照 HRMS 的最低检测限确定液体样品的最低采样量，一般来说，固体样品采集量应大于 500g。

参考文献

[1] 中国环境监测总站.二噁英分析技术［M］.北京：中国环境出版社，2014.

[2] 樊小军，张道方，黄远星.环境中二噁英类化合物的检测方法分析与研究［J］.能源研究与信息，2014,30（2）：63-67.

[3] Malisch R，Metschies M. Development of analytical methods for determination of dioxins. Advantages of tritium labeled TCDD and carbon 14-labeled OCDD［J］. Chemosphere, 1994,29（9）：1819-1827.

[4] Eljarrant E，Caixach J，Rivera J. Microwave vs soxhler for the extraction of PCDD and PCDF from sewage samples［J］. Chemosphere, 1998,36（10）：2359-2366.

[5] WuWZ，Schramm K W，Henkelmann B，et al.PCDD/Fs，PCBs，HCHs and HCB in sediments and soil of Ya-Er lake area in China: Results on residual levels and correlation to the organic carbon and the particle size［J］. Chemosphere., 1997,34（1）：191-202.

[6] 袁倬斌，李珺.二噁英类分析研究进展及展望［J］.分析化学评述进展.2001,29（10）：1222-1227.

[7] 黎雯，徐盈，吴文忠，等. 利用 EIA 生物测试法快速定量筛选环境样品中的二噁英污染物［J］.环境科学，2000,21（4）：69-72.

[8] 常文保，王敏灿，张柏林，等.稀土螯合物探针及其在时间分辨荧光免疫分析中的应用［J］.大学化学，1997,12（1）：1-6.

[9] 王承智，胡筱敏，石荣，等. 二噁英类物质的生物检测方法［J］. 中国安全科学学报，2006,16(5)：135-140.

[10] 杨传玺，董文平，史会剑，等.制浆造纸行业二噁英生成与控制研究［J］.环境科技，2014,27（2）：36-39.

[11] 全球环境基金中国制浆造纸行业二噁英减排项目［R］，二噁英生物检测技术导则，2015.

第四篇

实践篇

第8章

工程案例

为推动制浆造纸行业最佳可行技术和最佳环境实践（BAT/BEP）实施，减少制浆造纸行业二噁英的产生和排放，2012年6月，环境保护部环境保护对外合作中心与世界银行联合启动实施了"中国制浆造纸行业二噁英减排项目"。该项目主要通过开展典型非木浆制浆造纸企业 BAT/BEP 示范改造、编制造纸行业二噁英减排的长期行动计划和开展能力加强活动，推动行业对 BAT/BEP 相关技术的应用和推广。

在项目执行过程中，选择了竹浆、草浆、芦苇浆和蔗渣浆等典型非木浆制浆造纸厂开展二噁英减排 BAT/BEP 示范改造，实践证明二噁英减排效果显著。

8.1 竹浆造纸企业案例

8.1.1 示范企业概况

某竹浆造纸企业是一家林浆纸一体化企业，公司拥有配套完善的制浆系统、碱回收系统、余热发电综合利用供汽系统、造纸以及中段水处理等系统。年产漂白硫酸盐纸浆 7×10^4t，年产浆板和纸品可达 10×10^4t，与产能配套的中段废水处理站为 2×10^4m³/d 处理能力。

8.1.2 示范项目基本情况

项目建设内容主要包括改造备料系统（由原干法备料改为湿法备料）、蒸煮系统（由原蒸球改为间歇置换蒸煮系统）、漂白系统（由原 CEHP 四段漂白工艺改为 ECF 无元素氯漂白工艺）等，新增氧脱木素系统、标准状态下 250m³/h 制氧装置、5t/d 氯酸钠还原方法（R₁₀ 法）二氧化氯制备系统（见表 8-1）。

表 8-1 竹浆示范项目建设内容

序号	建设内容	备注
1	新建一条湿法备料系统（含竹片筛选、洗涤、脱水、料仓储存及竹片洗涤水处理）	替代原干法备料
2	新建一套低能耗间歇置换蒸煮系统（4 台 135m³ 蒸煮锅、2 台 300m³ 放喷锅）；新增蒸煮臭气收集系统。蒸煮臭气送本次技改新增的废气洗涤系统处理	淘汰原落后的蒸球蒸煮
3	新建中浓除节、氧脱木素、中浓封闭筛选净化系统	淘汰原低浓除节、筛选系统
4	新建中浓 ClO₂ 漂白系统（D₀- E_{OP} -D₁ 三段漂）	淘汰原低浓 CEHP 漂白系统
5	新建洗筛漂废气收集及洗涤系统	
6	新建标准状态下 250m³/h 的制氧装置	
7	新建标准状态下 20m³/h 的压缩空气装置	
8	新建一套 5t/d 的氯酸钠还原方法（R₁₀ 法）ClO₂ 制备系统	

8.1.3 示范项目工艺流程

本工程为制浆系统节能减排技改项目，通过综合采用湿法备料、置换蒸煮技术、深度脱木素、强化漂前洗浆、无元素氯漂白工艺（ECF）进行改造竹浆示范项目工艺流程如图 8-1 所示。

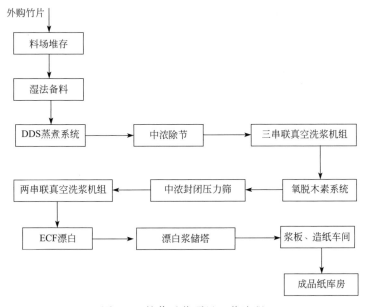

图 8-1 竹浆示范项目工艺流程

8.1.4 示范项目二噁英减排措施分析

本项目通过采用湿法备料、低能耗间歇置换蒸煮 DDS、三台串联真空洗浆机组提取黑液、中浓氧脱木素、一级两段封闭筛选、两台串联真空洗浆机组及 $D_0E_{OP}D_1$ 三段 ECF 漂白技术改造实现了二噁英减排。

本项目主要通过低卡伯值蒸煮技术、高效的洗涤 - 筛选技术和漂白技术的应用减少二噁英的产生，改造内容主要包括湿法备料、置换蒸煮、洗筛漂、氧脱木素工艺，二噁英减排识别及分析如表 8-2 所列。

表 8-2 竹浆示范项目二噁英减排识别及分析

改造前工艺环节	改造后工艺环节	二噁英减排识别及分析
干法备料	制浆采用湿法备料	间接途径，降低卡伯值
硫酸盐法间歇蒸球蒸煮	低能耗间歇置换蒸煮	间接途径，降低卡伯值
真空洗浆机组洗浆	真空洗浆机组洗浆	间接途径，提高黑液提取效率
中浓除砂器净化	中浓除节	间接途径，降低卡伯值
压力筛选	中浓封闭筛选	间接途径，降低卡伯值
	增加氧脱木素工段	间接减排，降低卡伯值
低浓四段漂白（含氯化段）	中浓二氧化氯三段漂白	直接减排，漂白浆废水二噁英含量由 8.55pg TEQ/L 降为 0.52pg TEQ/L。

8.1.5 项目实施效益总结

项目实施后废水污染物减排效果明显，说明竹原料制浆选用 ECF 漂白工艺路线确实从源头上抑制了 AOX 和二噁英的产生。吨浆排水由 57.41m³ 降至 50.32m³，下降幅度为 12.35%。项目实施后，外排废水中 SS、COD_{Cr}、BOD_5、NH_3-N、TP、TN、AOX、漂白废水中的二噁英和纸浆中的二噁英等污染物单位产品排放量均明显减少，分别为 1.31kg/t 浆、2.60kg/t 浆、0.72kg/t 浆、0.19kg/t 浆、0.0027kg/t 浆、0.28kg/t 浆、0.006kg/t 浆、18.32ngTEQ/t 浆、130ngTEQ/t 浆，分别减少了 48.02%、74.38%、66.67%、73.61%、96.25%、67.44%、98.57%、94.68% 和 84.52%。

8.2 草浆造纸企业案例

8.2.1 示范企业概况

某草浆造纸企业现有制浆能力 8.8×10^4t，年成品纸生产能力达 3.0×10^5t

以上，主要产品有胶版印刷纸、静电复印纸、轻型纸等。企业占地 1320 余亩，员工近 2000 人，实行四班三运转工作制。公司现年可实现销售收入 16.6 亿元，是一家现代化的大型制浆造纸联合企业。

8.2.2　示范项目基本情况

某草浆造纸企业对一期年产 3.7×10^4t CEH 漂白化学烧碱法麦草浆线实施关停，产能并入二期年产 5.1×10^4t ECF 漂白麦草浆线，将现有的元素氯纸浆生产设施改造为无元素氯生产设施，二期制浆车间的能力扩充到 8.8×10^4t/a。同时，进行二氧化氯制备车间改造，产能由 6t/d 增加至 8t/d。项目建设的单项工程见表 8-3。

表 8-3　草浆示范项目组成表

序号	工程名称	规模	主要改造内容
1	干湿法备料、连续蒸煮	3.7×10^4t	一期制浆备料、蒸煮工段搬迁、新增切草机、木片刨切处理系统等。
2	洗筛、漂白	3.7×10^4t	新增或更换中浓泵等设备，局部设备、管道改造，采用 ECF 漂白工艺。
3	ClO_2 制备	8t/d	改造 6t/d ClO_2 生产线，提高产能。

8.2.3　示范项目工艺流程

采用无元素氯工艺漂白流程代替原有的 CEH 漂白流程，将现有的元素氯纸浆生产设施改造为无元素氯生产设施，并投产运行，同时终止元素氯漂白纸浆生产，且在任何情况下永不再重新启用元素氯纸浆生产。主要改造工段包括备料工段、连续蒸煮工段、洗选漂工段和二氧化氯制备工段，改造后的洗选漂工段流程见图 8-2。同时，项目采用了国内先进的鼓式真空洗浆机、压榨洗浆机、高浓压力筛等设备，降低了能耗，实现了能源的科学管理，在原料和资源利用方面，同步实现了高效利用，并从源头上有效削减污染物的产生量。

8.2.4　示范项目二噁英减排措施分析

该草浆造纸企业改造主要是将二氧化氯制备系统的生产规模由 6t/d 提高到 8t/d。根据改造前后检测数据显示，从漂前浆、漂后浆、漂白废水、污水厂出水和污泥来对纸厂改造前后的二噁英浓度进行比较（见表8-4）。改造后，漂白废水、漂后浆和污泥里的二噁英明显减少，说明 ECF 工艺有助于减少二噁英的生成和排放。改造后（ECF 漂白工序）的漂后浆二噁英的浓度为 0.67ng TEQ/kg 干浆，该值是改造前（CEH 漂白工序）的 36.4%。改造后漂白废水中二噁英的浓度为 1.35pg TEQ/L，是改造前的 13.5%。其中污水厂出水中的二噁英的浓度在改造后为 0.70pg TEQ/L，基本与改造前相同。来自污水厂污泥的二噁英浓度在改造后为 1.06ng TEQ/kg 干浆，仅为改造前的 38.8%。

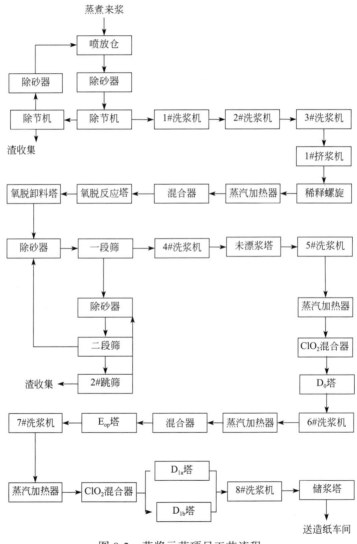

图 8-2　草浆示范项目工艺流程

表 8-4 草浆示范项目改造前后二噁英浓度对比表

样品名称	CEH				ECF			
	平均值	偏差	最大值	最小值	平均值	偏差	最大值	最小值
清水 / (pg TEQ/L)	0.14	0.14	0.24	0.05				
原料 / (ng TEQ/kg 干浆)	0.36	0.06	0.40	0.32				
未洗硫酸盐浆 / (ng TEQ/kg 干浆)	—	—	—	—	0.30	0.08	0.36	0.20
漂白浆 / (ng TEQ/kg 干浆)	1.84	1.06	2.90	0.91	0.67	0.12	0.80	0.50
漂白废水 / (pg TEQ/L)	10.00	8.18	18.00	1.80	1.35	0.38	1.90	1.10
污水厂出水 / (pg TEQ/L)	0.65	0.36	1.00	0.21	0.70	0.09	0.80	0.59
污水厂污泥 / (pg TEQ/L)	2.73	1.76	4.30	1.20	1.06	0.30	1.40	0.77
纸产品 / (ng TEQ/kg 干浆)					0.14	0.09	0.22	0.06

8.2.5 项目实施效益总结

该项目对一期连蒸搬迁，对二期制浆洗选漂工段进行提产改造，将原有的 CEH（C-E_P-H）漂白工艺改为 ECF（D_0-E_{OP}-D_1）漂白工艺。采用 O-D_0-E_{OP}-D_1 三段 ECF 中浓漂白，第一段采用高温二氧化氯漂；第二段为氧和过氧化氢强化的碱抽提；第三段采用二氧化氯进行补充漂白。该漂白技术为目前国内外先进、成熟的漂白流程，漂后浆白度 78% ±1% ISO，与 CEH（C-E_p-H）对比，浆的质量稳定性好、白度高、原料适应范围广、成本低，降低了漂白废水的污染负荷，符合国家产业政策和清洁生产要求，改造后可以从产品质量到污染物减量方面体现出客观的经济价值。

（1）项目实施的环境效益

① 项目综合能源消耗由改造前的 0.435t 标煤 /t 绝干浆降低至 0.360t 标煤 /t 绝干浆，下降了 17.2%。

② 项目全厂废水排放量由改造前的 22655m³/d 降低至改造后的 19264m³/d，下降了 15%；COD_{Cr} 由改造前的 520.7t/a 降低至改造后的 277.1t/a，下降了 46.8%；BOD_5 由改造前的 143.3t/a 降低至改造后的 43.9t/a，下降了 69.4%；SS 由改造前的 204.1t/a 降低至改造后的 131.0t/a，下降了 35.8%（见表 8-5）。

表 8-5 草浆示范项目实施前后全厂废水污染物排放情况

项目	水量 / (m³/d)	主要污染物排放浓度			
		COD_{Cr}/(t/a)	BOD_5/(t/a)	SS/(t/a)	NH_3-N(t/a)
改造前全厂废水排放情况	22655	520.7	143.3	204.1	16.9
改造后全厂废水排放情况	19264	277.1	43.9	131.0	22.1
前后排污总量变化情况	−3391	−243.6	−99.4	−73.1	5.2

（2）项目实施后的经济效益

该项目对一期年产 $3.7 \times 10^4 t$ C-E-H 漂白化学烧碱法麦草浆生产线实施关停，淘汰了落后产能，从源头预防和治理环境污染。项目实施后，综合能耗降低，年可节约生产成本 513.4 万元。同时，项目改造后，废气、废水中的污染物均得到有效控制，除氨氮外，污染物排放量均有不同程度的降低，尤其是二噁英，总量消减了 77.2%，实现了节能减排，具有较好的环境效益。而且由于漂白更具有选择性，对纤维破坏小，成浆得率高，浆料质量好，使产品更具市场前景。此外，以 ECF 漂白代替 CEH 漂白，清水用量大幅度降低，项目改造后，吨浆生产成本降低 130 元，年降低生产成本 1144 万元，极大地增加了产品经济效益。

8.3　苇浆造纸企业案例

8.3.1　示范企业概况

某苇浆造纸企业作为苇浆生产的先进企业，提供道林纸、双胶纸、水粉纸、素描纸、静电复印纸原纸以及文化用纸，年产量 $12 \times 10^5 t$。实施"$5.1 \times 10^4 t/a$ 制浆 ECF 漂白项目改造工程"，实现了污染物的减排，提高了综合环境效益。

8.3.2　示范项目基本情况

项目建设内容主要包括：改造苇浆制浆生产线黑液提取、封闭筛选和漂白系统（将 CEH 漂白改为 ECF 漂白），新增制氧站、二氧化氯制备系统和氧脱木素技术。具体厂房改造内容如表 8-6 所列。

表 8-6　苇浆示范项目建设内容

工序编号	工序名称	主要设备名称	生产规模
1	氧气制备	制氧机	标准状态下制氧量 250m³/h
2	二氧化氯制备	发生器、再沸器、吸收塔	二氧化氯产量 4t/d
3	黑液提取	真空洗浆机、除节机、黑液过滤机	200～250t/d
4	氧脱木素	真空洗浆机、中浓浆泵、化学混合器、氧脱塔	200～250t/d
5	封闭筛选	压力筛、跳筛	200t/d
6	二氧化氯漂白	真空洗浆机、中浓浆泵、化学混合器、D_0 塔、D_1 塔、E_p 塔、成浆塔	200～250t/d

8.3.3　示范项目工艺流程

本工程为制浆系统节能减排技改项目，通过淘汰落后的、能耗高的生产工艺和设备，达到节能目的；通过淘汰落后的、污染负荷高的生产工艺和设备，达到污染减排目的；通过淘汰落后的、耗水量大的生产工艺和设备，达到节水目的。

项目实施后工艺流程如图8-3所示。

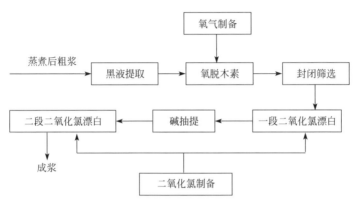

图 8-3　苇浆示范项目工艺流程

项目实施前后工艺改变说明：项目实施前制浆线采用传统的 CEH 漂白工艺，氯化段采用直接通入氯气进行氯化，次氯酸钙漂白采用次氯酸钙做漂液进行漂白，氯气和次氯酸钙在与木素的取代反应时产生可吸附有机卤化物（AOX）和二噁英。项目实施后采用当前国内外先进的 ECF漂白工艺，采用氧脱木素工艺和二氧化氯漂白，氧气和二氧化氯与木素反应时基本不产生 AOX 和二噁英，从根本上消除了纸浆废水中 AOX和二噁英的排放。同时采用氧脱木素工艺，也可大幅度降低漂白废水中 COD_{Cr} 浓度。

本技改工程采用甲醇还原法制备二氧化氯，技术先进、工艺成熟、运行稳定、安全可靠、自动化程度高、运行管理方便、母液循环使用、酸性芒硝中性化处理后综合利用。

8.3.4　示范项目二噁英减排措施分析

本技改项目通过改造黑液提取、新增氧脱木素、$D_0E_{OP}D_1$ 三段 ECF漂白技术，并注重全过程环境管理，实现了二噁英减排。项目改造前后二噁英减排环节关键参数变化如表 8-7 所列。

表 8-7　项目改造前后二噁英减排环节关键参数变化

关键参数		改造前	改造后
黑液提取率 /%		90	>95
黑液浓度 /°Bé		7.2	7.8
卡伯值		9.5	7.5
二噁英 含量 / 浓度	漂前浆 /（ng TEQ/kg 干浆）	0.28	0.18
	漂后浆 /（ng TEQ/kg 干浆）	1.84	0.18
	漂白废水 /（pg TEQ/L）	4.25	0.92
	污水厂出水 /（pg TEQ/L）	0.36	0.28
	污泥 /（pg TEQ/L）	36.5	10.35
	纸浆产品 /（ng TEQ/kg 干浆）	4.68	0.16

8.3.5　项目实施效益总结

本项目采用国际国内先进成熟的氧脱木素工艺和国内一流设备，经公司和设计及施工单位精心设计、精心施工，仅用 1 年的时间建成投产，并在投产后 3 个月之内实现了达产、达标、达效、节能、减排的预期目标。

通过本次技改活动，年度 COD_{Cr} 和 BOD_5 排放量下降 40% 以上；每日新水使用量减少 1 万多立方米；活动的节能、节水、减排效果显著。

（1）项目实施的环境效益

① 本项目采用氧脱木素和 ECF 漂白技术，替代传统的 CEH 漂白工艺，大幅削减了二噁英的排放量，二噁英排放因子由改造前的 2483.25ng/Adt，降低到改造后的 213.98ng/Adt。以 2013 年的产量计算，二噁英排放量由改造前的 0.079g TEQ/a 降低到 0.027g TEQ/a，削减效率达到 98.5%。同时 COD_{Cr}、SS 排放量也削减了 40%。

② 本项目投产后，清水日用量减少 1 万多立方米，年少用清水 360 万余吨，节约了大量水资源。并为当地群众提供了 7 个就业机会，同时企业周边空气质量也得到了一定改善，为当地群众安居乐业、幸福生活和工作创造了良好环境。

（2）项目实施后的经济效益

项目投产后，生产持续稳定，漂白苇浆日产量稳定在 140t 以上，成浆白度稳定、尘埃少、强度高，为造纸车间纸产品质量稳定、品位提高奠定了坚实基础，使公司纸产品从滞销迅速转化为畅销，库存从 6000余吨降低到 1000 余吨的正常库存。投产后近半年的实际表明，新制浆生产线碱、二氧化氯、水、电、气等消耗均居国内同浆种、同制浆工艺企业先进水平，具有良好的经济效益。

8.4　蔗渣浆造纸企业案例

8.4.1　示范企业概况

某蔗渣浆造纸企业拥有 2 条 CEH 三段漂白蔗渣浆生产线，年产漂白蔗渣浆 $1 \times 10^5 t$。近年来，利用原有生产线及丰富的技术资源，进行二氧化氯及漂白系统新工艺的改造，同时进行节能减排工程改造，能提高企业的产品质量，促进造纸产业的可持续发展。

8.4.2　示范项目基本情况

采用无元素氯（ECF）新工艺漂白流程取代原有的 CEH 常规三段漂白流程。该项目实施工程规模如下。

①　二氧化氯制备工段。日产 8t 的二氧化氯制备生产线。

②　漂白系统改造。新建 1 条年产 $9.8 \times 10^4 t$ 浆的 D_0-E_{OP}-D_1 漂白生产线代替原 1#、2# 漂白系统。

③　FENTON 废水深度处理系统处理能力 $4 \times 10^4 m^3/d$。

④　日处理废水量 $1.1 \times 10^4 m^3/d$ 的厌氧处理系统。

⑤　处理量为 20t/h 白泥或煤粉的白泥烘干生产线。

8.4.3　示范项目工艺流程

本工程为制浆过程的漂白工段环保技改项目，通过淘汰落后的、污染负荷高的 CEH 常规三段漂白生产工艺和设备，采用无元素氯（ECF）新工艺，达到污染减排的目的。

本项目漂白工段使用的漂白剂为二氧化氯，二氧化氯是一种选择性脱木素很强的氧化性漂白剂，其用于漂白纸浆，白度高、得率高、漂后纸浆物理强度高。

（1）二氧化氯制备工艺

本项目二氧化氯的制备采用甲醇还原法（R8），该工艺以氯酸钠、甲醇和硫酸为原料生产二氧化氯，产品纯度高，系统较简单，投资较少，无三废外排。

（2）技改后漂白工艺

新漂白工艺流程如下：在漂白工序中采用 D_0-E_{OP}-D_1 无元素氯漂白技术，用二氧化氯取代氯气做漂白剂，漂白过程中不含有游离态的氯元素。

漂白工艺流程见图8-4。

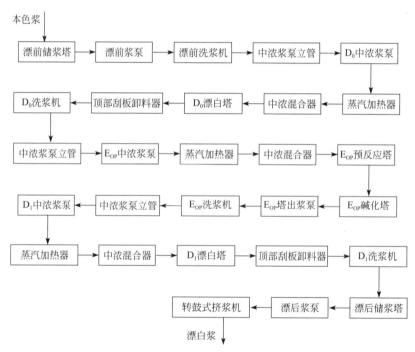

图8-4　蔗渣浆示范项目漂白工艺流程

8.4.4　示范项目二噁英减排效果分析

漂白工艺由 CEH 改造为 ECF 后，该企业的二噁英削减效率达到了88.2%，削减效果非常显著。可见，ECF 工艺是减少二噁英排放的关键性技术（见表8-8）。

表 8-8 技术改造前后漂白车间二噁英生成量及削减率

项目		漂白废水二噁英含量/（ng/Adt）	漂后浆二噁英含量/（ng/Adt）	漂前浆/（ng/Adt）	吨浆二噁英生成量/（ng/Adt）	全年二噁英生成量/g	削减率/%
蔗渣浆	技改前（CEH）	358	1045	190	1212.78	0.119	88.20
	技改后（ECF）	67.6	265	190	142.56	0.014	

8.4.5 项目实施效益总结

项目通过二氧化氯及漂白系统的改造工程，采用无元素氯（ECF）新工艺漂白流程取代原有的 CEH 常规三段漂白流程，直接减少了二噁英的排放。项目实施过程中，一直遵循清洁生产的要求，取得了良好的经济效益、社会效益和环境效益。

（1）经济效益

本项目实施过程中增加能源消耗为 0.162t 标煤/t 绝干浆，增加不多，但可以降低全厂的中段废水 COD_{Cr} 量约 60%，年减少排污量 1176400m³，减排效果良好。综合利用掉全部的白泥和煤灰，变废为宝，社会效益显著。改造后纸浆的能耗约为 0.752t 标煤/t 绝干浆，优于一级清洁生产水平综合能耗指标（0.9t 标煤/t 绝干浆）。

（2）社会效益

项目充分利用企业自有的丰富蔗渣资源，提高了蔗渣的综合利用价值，符合"集中制浆、分散造纸、减少污染、保护环境"的产业政策，解决了原来由于分散制浆造成的制浆废水给环境带来的严重污染问题。蔗渣为制糖工业的废渣，以此作原料生产纸浆，减少对森林的砍伐，对节约资源，保护生态环境起着积极的作用。

（3）环境效益

① 技改前，该厂绝大多数废水排放指标无法达到 GB 3544—2008 中表 2 标准以及 EHS 指南推荐值；而实施 ECF 漂白和深度废水处理技改后，废水排放全面达到 GB 3544—2008 表 2 标准。COD_{Cr}、BOD_5、SS、NH_3-N 与技改前相比都大幅下降。

② 经过技改后，漂白新工艺工程产生的固体废物为二氧化氯制备过程中产生的副产品芒硝结晶体，经过滤机过滤后，再搅拌溶解后装槽外卖；废水深度处理系统新产生的污泥，可用于复合肥的生产，实现了固

体废物的资源化综合利用。

③ 改造前（CEH）造纸厂漂后浆二噁英的浓度为 1.03ng TEQ/kg 干浆，改造后（ECF）漂后浆二噁英的浓度为 0.23ng TEQ/kg 干浆，是改造前的 22.3%；改造前（CEH）造纸厂漂白废水二噁英的浓度为 8.30pg TEQ/L，改造后（ECF）漂白废水二噁英的浓度为 1.86pg TEQ/L，大约是改造前的 22.4%。由此可见，通过无元素氯漂白工艺的应用，二噁英减排效果十分明显。

参考文献

［1］ 全球环境基金中国制浆造纸行业二噁英减排项目，竹浆生产二噁英减排 BAT/BEP 项目示范报告［R］. 2017.
［2］ 全球环境基金中国制浆造纸行业二噁英减排项目，草浆生产二噁英减排 BAT/BEP 项目示范报告［R］. 2017.
［3］ 全球环境基金中国制浆造纸行业二噁英减排项目，蔗渣浆生产二噁英减排 BAT/BEP 项目示范报告［R］. 2017.
［4］ 全球环境基金中国制浆造纸行业二噁英减排项目，苇浆生产二噁英减排 BAT/BEP 项目示范报告［R］. 2017.

第9章

运行经验

非木浆生产企业进行无元素氯漂白工艺（ECF）改造后，和传统氯漂工艺区别最大的就是二氧化氯制备和漂白两个工序，本章结合第 8 章工程案例，对二氧化氯制备漂白工序以及安全环保的运行要点进行介绍。

9.1　二氧化氯制备运行经验

第 8 章所介绍的示范项目二氧化氯制备全部采用甲醇还原法。与综合法相比，甲醇还原法初期投资较低，运行中一步反应生成二氧化氯，易于操作和维护，适合规模相对较小的非木浆生产企业。示范项目二氧化氯配套概况如表 9-1 所列。

表 9-1　示范项目二氧化氯配套概况

序号	企业类型	制浆产能 ×10⁴/（t/a）	二氧化氯产能/（t/d）
1	竹浆	7	5
2	草浆	8.8	8
3	苇浆	5.1	4
4	蔗渣浆	9.8	8

二氧化氯制备装置原理是以氯酸钠、浓硫酸、甲醇为原料生产二氧化氯漂液，在一定温度、真空条件下在钛制容器中反应，连续生成 ClO_2 气体及副产品中性芒硝（Na_2SO_4）。ClO_2 气体经冷却后用低温冷冻水吸收，得到一定浓度的 ClO_2 溶液，用于漂白工段作为漂白剂；副产品中性芒硝（Na_2SO_4）干燥后包装外运。

二氧化氯制备系统由供料系统、反应系统、芒硝过滤及处理系统、吸收系统、尾气处理系统、冷冻水系统、循环冷却水系统、真空形成系统和 DCS 自动控制系统等组成（见图 9-1）。

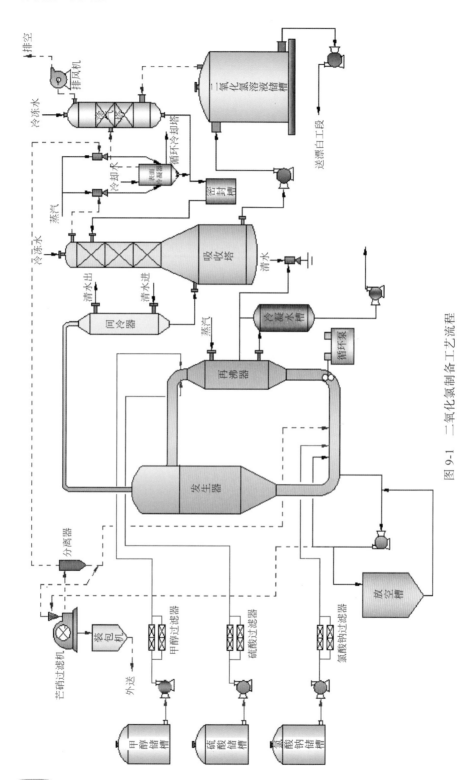

图 9-1 二氧化氯制备工艺流程

原料甲醇用泵从储槽抽出，经过滤器过滤的后用工艺水稀释，从文丘里管处直接加入发生器系统。

原料浓 H_2SO_4 也用供料泵从储槽泵出，经过滤器过滤后从文丘里管处用冷冻水雾化后加入发生器。

原料 $NaClO_3$ 晶体先在溶解槽充分溶解，沉淀后用卸料泵送至储槽储存。生产时再用供料泵抽出，经过滤器过滤后从发生器循环管下段进入形成母液。母液在循环泵的作用下进入再沸器，再进入发生器，生成的 ClO_2 释放出来，反应余液及副产品沉至发生器底部，成为发生器液体。液体在循环泵的作用下不断在再沸器与发生器之间循环，并与不断加入的 $NaClO_3$ 溶液、浓硫酸、甲醇混合，反应不断地生成 ClO_2 气体。

在 ClO_2 不断生成的同时，副产品芒硝也不断地在发生器内结晶，通过芒硝过滤机供料泵将部分发生器液体（里面含有芒硝晶体）送至芒硝过滤机，过滤机将芒硝晶体过滤出来，滤出的母液返回发生器循环系统继续循环反应，过滤后的酸性芒硝晶体经芒硝转化发生器加热复分解，并经过中性芒硝过滤机洗涤过滤，滤出的酸液返回发生器循环系统继续循环反应，回收硫酸，滤出的中性芒硝晶体进入芒硝溶解槽用热水溶解后送到碱回收车间使用。

发生器内生成的 ClO_2 气体在发生器内被大量蒸发出来的水蒸气稀释，并从发生器顶部出来，进入间冷器冷却，然后进入吸收塔用冷冻水吸收，成为 ClO_2 水溶液，用转移泵送至 ClO_2 溶液储槽储存，再用 ClO_2 溶液输送泵送至漂白工段应用。

发生器系统和两台芒硝过滤机所需的真空由真空泵抽吸产生。

整个系统产生的尾气集中进入涤气塔，用冷冻水进行洗涤后再排至大气中，洗涤后的稀 ClO_2 溶液进入吸收塔继续吸收 ClO_2 气体增浓；吸收、涤气所用的冷冻水由冷冻机组产生。

主要反应为：

$$30NaClO_3+20H_2SO_4+7CH_3OH \longrightarrow 30ClO_2+23H_2O+$$
$$10Na_3H(SO_4)_2+6HCOOH+CO_2$$

副反应为：

$$12NaClO_3+8H_2SO_4+6CH_3OH \longrightarrow 6ClO_2+18H_2O+4Na_3H(SO_4)_2+6CO_2+3Cl_2$$

甲醇还原法制备二氧化氯原料及产物如表 9-2 所列，原料质量控制要求如表 9-3 所列。

表 9-2 甲醇还原法制备二氧化氯原料及产物

分类	名称	化学式	性状
原料	氯酸钠	$NaClO_3$	晶体，在热水中溶解；随后该化学品的水溶液注入发生器内
	甲醇	CH_3OH	以纯液体形式储存；稀释后以20%体积比加入发生器
	硫酸	H_2SO_4	接收、存储98%浓度的浓硫酸，并以98%浓度加入发生器中
产物	二氧化氯	ClO_2	气体从发生器排出被水蒸气稀释，以液态水溶液形式储存在车间
副产物	芒硝	Na_2SO_4	以一种湿晶体状态从过滤机过滤而来，然后重新溶解在水中
	氯气	Cl_2	发生器排出少量的氯气，溶解在二氧化氯溶液中

表 9-3 原料质量控制要求

项目	单位	数据
1.硫酸		GB 534—2002
分子量		98
H_2SO_4（质量分数）	%	98
灰分（质量分数）	%	<0.1
2.氯酸钠		GB/T 1618—2008
分子量		106.5
外观：		白色或略带黄色晶体
氯酸钠（$NaClO_3$）	%	≥ 99.5
水分	%	≤ 0.30
水不溶物	%	≤ 0.01
氯化物（以 Cl^- 计）	%	≤ 0.15
硫酸盐（以 SO_4^{2-} 计）	%	≤ 0.01
铬酸盐（以 CrO_4^- 计）	%	≤ 0.01
铁（以 Fe 计）	%	≤ 0.005
3.甲醇		GB 338—2004
分子量		32
CH_3OH（质量分数）	%	99.9
色度（Pt-Co）		≤ 5
密度（20℃）	g/cm^3	0.791 ~ 0.792
水分	%	≤ 0.10
酸度（按 HCOOH 浓度计）	%	0.0015
羟基化合物（按 CH_2O 浓度计）	%	≤ 0.002

注：甲醇、氯酸钠、硫酸三大原料质量指标必须达到中国国家标准一级品及以上。

9.1.1 工艺操作要点

二氧化氯发生器中的反应液在循环泵的作用下在钛材循环管路中运

行。循环液在回路中循环时，也有新鲜化学药品的加入并参与反应。再沸器中也有蒸汽通入从而把化学品中的水分和生成的水分蒸发掉，保持发生器中一定的母液容量以及保持液位。

当发生器中的母液重新回到发生器的上方时，它将迅速扩散释放出二氧化氯、氯气、二氧化碳和蒸汽（反应和加热形成的），这些气体离开发生器顶部进入冷却段和吸收段。发生器的成品率、蒸汽率和发生器液位都能影响液体中气体的分离。如果气体和液体适当分离不能达到，二氧化氯将被困于母液中，可能引起二氧化氯的分解。

发生器的操作是在真空条件下进行的（低于绝对压强），这确保了发生器液体在低温下能沸腾。低的反应压力和稀释的二氧化氯、低的二氧化氯分压，减少了成品气的分解。为了充分分离液体中二氧化氯，进入再沸器的蒸汽不能低于 4.5t（产生 1t 二氧化氯）。

发生器同时也是结晶器，当水进入发生器被蒸发，同时产生了副产品酸性芒硝，开始以晶体的形式沉淀下来（超过了溶解度最高限制）。为了有效地结晶，固体的含量要维持在 15%～25%，可通过芒硝过滤机的操作来调节。

9.1.1.1　发生器液位控制

（1）水源

① 氯酸钠溶液、稀释的甲醇溶液和酸性溶液。

② 在机械密封泄漏的情况下，芒硝过滤机滤鼓，发生器循环泵和过滤机喂料泵的密封水。

③ 芒硝过滤机的洗涤水。

④ 发生器中反应形成的水。

⑤ 通过发生器补水阀补充的水。

⑥ 过滤机管线冲洗水。

⑦ 取样器冲洗水。

这些水必须在再沸器中持续蒸发，保持发生器液位。蒸汽在再沸器壳程中冷凝释放热量，使管程中的反应液温度升高。

（2）液位控制

发生器的液位还没有实现自动控制。操作员必须调节补水和到再沸器中蒸汽流量，来保持液位稳定在回管进口底部 300～900mm 处。通过发生器视镜观察（至少每 2h 观察 1 次）确定发生器液位显示的准确性。

注意：如果发生器液位上升高于回管进口，它可能妨碍气体和液体的分离，这可能会使在高浓度下的残余二氧化氯溶解到反应液中。在这种很容易由溶液中释放出残余二氧化氯气体的情况下，如发生停机和重启系统则分解势必发生。

（3）液位控制的方法

① 根据二氧化氯产量设置最小蒸汽流量。

② 如果液位降低，则增加发生器的补水量。到再沸器中的蒸汽流量不能低于既定二氧化氯产能的最小蒸汽流量。

③ 如果液位上升则减少到发生器的补充水。如果没有补充水则可增加到再沸器中的蒸汽流量。

连续小量地改变补充水或蒸汽流量，以液位的变化趋势作为指导，这种液位控制方法是正确的。

9.1.1.2　发生器的状态目标

为了确保发生器最好的生产效率，则应该保持如下状态。

① 发生器压力 120mmHg（绝压）。

② 发生器液体温度 71.5 ～ 73℃。

③ 硫酸浓度 392 ～ 402g/L。

④ 氯酸钠浓度 235 ～ 266g/L。

⑤ 到发生器的工艺空气无要求。

⑥ 发生器中的固形物 15% ～ 25%。

大气压力约为 760mmHg。因此 120mmHg 显示为真空状态。

发生器液体应每 2h 测一次固形物、酸度和氯酸钠浓度。从过滤机附近的取样器中取出滤液。滤液经过过滤机喂料泵泵送至取样器中。

9.1.1.3　反应率控制

成品二氧化氯的产率依赖于甲醇的喂料率，一定程度上以下各因素对此都有影响。

（1）甲醇

ClO_2 的产率完全由去发生器的甲醇喂料速率来控制。甲醇加入 ClO_2 生产迅速开始，甲醇喂料中断，ClO_2 生产几乎也立即停止。

必须注意的是，当甲醇流量迅速增加时，ClO_2 可能会迅速产生，结果导致发生器气相空间足够高的浓度而引起分解。因此去再沸器的蒸汽和去 ClO_2 吸收塔的冷冻水应该总是在甲醇流量增加前增加。

（2）酸度

影响 ClO_2 的产率的次要因素是反应液的酸度。$392 \sim 402g/L$ 正常的酸度值必须被维持以持续有效地产生 ClO_2。酸度值在 $392g/L$ 以下时，相同的甲醇喂料速率 ClO_2 的产率将减少。酸度值为 $377g/L$ 时减少10％，酸度值为 $367.5g/L$ 时减少20％。任何情况酸度的下降必须尽可能迅速地予以纠正。

反应液的沸腾温度可明显地显示反应液的酸度和氯酸盐的含量。沸腾温度越高，则酸度和氯酸盐的含量越大，$72℃$ 是一个理想的值。

如果酸度和氯酸盐浓度的总和接近11，ClO_2 的生产可能由于"白化"（由于 ClO_2 的生产停止时，反应液灰色／白色的特征而得名）现象而突然停止。这种现象是由于发生器中氯离子的耗尽造成的，通常通过稀释母液降低酸度值来纠正。

（3）氯酸钠浓度

在反应液中氯酸钠的浓度应该维持在 $2.2 \sim 2.5mol$ 之间。如果浓度降低到这个目标值之下，可能发生 ClO_2 无效的反应。同时应该避免氯酸盐过高浓度以防止氯酸盐在发生器中发生结晶化。由于结晶的形成可能堵塞滤布影响过滤机的性能，造成大量的化学品流失。白化现象也可能发生但比较罕见，并且仅由于反应液内氯酸盐的增多时发生，也就是在待机时化学品加入发生器的过程中。

（4）去再沸器的蒸汽流量

维持有效的 ClO_2 生产，必须有充足的蒸汽量加入到再沸器以保持反应液沸腾和 ClO_2 稀释。

9.1.1.4 二氧化氯的冷却和吸收

（1）发生器混合气体的冷却

发生器排放气（由二氧化氯和蒸汽组成）必须从 $57 \sim 58℃$ 冷却至 $30 \sim 41℃$，以便于二氧化氯的有效吸收。这都在间接接触冷却器（ICC）内完成。

ICC 是一个壳管式热交换器。冷却水在壳程流动而发生器的排放气体在管程中逆流。用于稀释二氧化氯的大量水蒸气通过 ICC 冷却，二氧化氯的含量从5％增加到30％。ICC 排出的发生器气体温度通过流向

ICC 的冷却水量来控制。安装在 ICC 顶部的一个小喷头是为了防止钛管被干氯气侵蚀，发生器气体的冷却装置如图 9-2 所示。

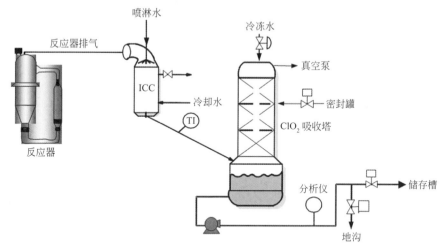

图 9-2　发生器气体的冷却装置

如果发生器气体没有得到充分的冷却，生产过程波动时，在 ICC 或二氧化氯吸收塔底部会有二氧化氯分解以及二氧化氯从吸收塔里泄漏的危险。为防止不安全情况发生，如果出口的气体温度超过 49℃，联锁系统关闭流程。

注：如果 ICC 内缺少冷却水，应完全停机。

（2）二氧化氯的吸收

从 ICC 里排出的冷气体流向二氧化氯吸收塔底部。吸收塔有三个填料单元，从吸收塔顶喷入的冷冻水吸收吸收塔内上升的二氧化氯气体，形成 10g/L 二氧化氯的溶液；从涤气塔和真空泵回流的二氧化氯稀溶液（小于 0.5g/L）流入吸收塔中部；二氧化氯溶液在吸收塔底部泵槽内汇集，并泵送（液位调节）至储存槽或地沟。

使用在线分析仪监测二氧化氯溶液浓度。在串联模式下，通过控制流入吸收塔的冷冻水流量来保证二氧化氯溶液浓度。二氧化氯刚开始的生成速度快于分析仪的监测反应，因此应预设冷冻水流量，使之满足二氧化氯的生成要求。

吸收塔的吸收性能很大程度上依靠二氧化氯溶液浓度和温度。对于任意给定的二氧化氯溶液浓度都有相应吸收塔所能接受的最大溶液温度。

为确保安全，需监控二氧化氯溶液的浓度和温度。当浓度上升一点时，冷冻水的流量也要增加，以降低二氧化氯溶液的浓度。当浓度或温度增加得太高时，车间则应停机。

9.1.2　设备维护要点

维持生产的相对稳定以及保证正常的安全生产，日常检查是一个重要的环节，主要设备检查内容及检查要点如下。

9.1.2.1　泵类的检查要点

（1）检查内容

密封水压力和流量、渗漏、异响、过度振动。

（2）检查部位

① 机械密封装置完好，无泄漏。

② 泵吸入口清洁无杂物堵塞。

③ 泵轴承油杯应有足够润滑油。

④ 轴承温度在正常范围。

⑤ 轴承油室内油位正常（约 1/2 处），油质合格。

⑥ 电机电源线、接地线应连接良好。

⑦ 泵、电机周围清洁，不允许任何杂物存放，妨碍泵的安全运行。

⑧ 泵、电机底座固定螺母牢固。

⑨ 泵的各部件连接牢固，联轴器或传动皮带传动正常。

⑩ 转动部位防护罩安全可靠。

⑪ 泵的进、出口阀门状态正确。

⑫ 泵的冷却水畅通，并调整至流量合适的冷却水。

（3）检查要求

密封水压力和流量在工艺要求范围。无渗漏现象，无异响及过度振动，检查周期为 1 次 /2h。

（4）记录内容

检查时间、发现的问题、已解决及未解决的问题。

9.1.2.2　冷水机组的检查要点

（1）检查内容

循环冷却水压力、温度、压缩机运行状况。

（2）检查要求

① 检查吸、排气压力，温度，油压，油温，油位及电动机电流是否正常。

② 检查压缩机温度和声音是否正常。

③ 检查蒸发器液面、冷凝器液面是否正常。

④ 冷却水进出水温度应在工艺要求范围。水压及温度在正常范围内，压缩机运行平稳无异响。

（3）记录内容

检查时间、发现的问题、已解决及未解决的问题、水压及温度、压缩机运行台数。

9.1.2.3　发生器

（1）检查内容

现场视镜观察液位。

（2）检查要求

检查周期为 1 次 /4h，及时校准。

9.1.2.4　冷却塔风机及尾气洗涤塔风机

（1）检查内容

转动情况。

（2）检查要求

① 转动平稳、无异响，传动皮带应松紧适宜，如发现太松应及时收紧。

② 风机运行应平稳，无振动现象，叶轮无碰撞机壳现象，轴承应在 50 ～ 60℃范围；各处紧固螺丝应无松动现象。

（3）记录内容

检查时间、发现的问题、已解决及未解决的问题。

9.1.2.5　芒硝过滤机

（1）检查内容

水喷洒情况，浆层洗涤水的温度、流量，轴阀侧的密封水、返回发生器的母液管及旋分器上出口是否清洁及无阻流动。

（2）检查要求

符合过滤机工艺运行条件，周期为 1 次 /2h。

必须对马达、齿轮箱和轴承的温度做定期检查，保证齿轮箱内运转无噪声。

（3）记录内容

过滤机运行状态（压力、转速等）。

9.1.2.6　搅拌器

（1）检查内容

转动情况。

① 搅拌器叶片安装牢固、无磨损、无腐蚀。

② 搅拌器轴封安装完好。

③ 减速箱油位正常且油质合格。

（2）检查要求

转动平稳、无异响。

9.1.2.7　过滤器

（1）检查内容

压力、流量。

（2）检查要求

过滤后压力、流量均在工艺要求范围，无泄漏。

9.1.2.8　空压机

（1）检查内容

出口压力、干燥器运行状况、露点、循环冷却水状况、冷凝水定时排水情况、油温、油气分离器的压差，油位正常且油质合格，周期 1 次 2h。

（2）检查要求

空气压力、温度、油温、油压在工艺要求范围。

9.1.2.9　仪表的吹洗

（1）检查内容

各液位计、压力计、密度计等现场水、空气冲洗流量的测量仪表。

（2）检查要求

水、气冲洗流量在工艺要求范围，发生器、液位计、压力计、密度计以及 ClO_2 吸收塔的液位计要求 1 次 /2h。

（3）记录内容

检查时间、发现的问题、已解决的问题及未解决的问题。

9.1.2.10　化学品渗漏

（1）检查内容

所有工艺管线、设备、槽罐的渗漏情况。

（2）检查要求

现场认真排查，周期 1 次 /2h，发现及时处理。

（3）记录内容

渗漏部位、发现时间、解决及未解决问题。

9.1.3　操作注意事项

发生器、芒硝过滤机、甲醇供料、ClO_2 吸收都有联锁系统，为使车间安全运行，必须遵循所规定的运行条件及联锁条件。所有操作人员及管理人员必须充分认识本车间各化学药品的危害性，确保安全。

① 硫酸、氯酸钠溶液、甲醇均有两台过滤器（一台备用，一台运行）当过滤器进出口压差过大时表示过滤器滤芯已被杂质堵塞，需切换另一台过滤器，并更换已堵塞过滤器的滤芯。

② 为保持 ClO_2 的气提效果，加入再沸器的蒸汽量不得低于联锁值。

③ 稳定发生器液位及反应液的固体含量，将有助于保持酸度和氯酸钠浓度。

④ 启动真空泵前要确认真空泵内已加入冷冻水。

⑤ 在冷凝水电导率读数高的情况下，要把冷凝水从热水系统引入地沟，并检查再沸器列管是否泄漏。

⑥ 过滤机供料泵开、停时，必须用热水冲洗供料管道，防止芒硝结晶。

⑦ 为保证有效过滤，定期检查转鼓表面上是否已形成均匀的滤饼。

⑧ 调节芒硝溶解槽热水流量，使溶液浓度维持在 30%（通常为 1.3 的相对密度）。

⑨ 间冷器顶部的喷淋水保持喷淋状态。

⑩ 注意控制发生器母液酸度，以防止发生无效反应和低效反应。

⑪ 把母液从排液槽输送到发生器前，发生器应先建立真空，打开工艺空气调节阀进行空气吹扫。

⑫ 用五步碘量法分析 ClO_2 溶液浓度。

9.2　ECF 漂白运行经验

第 8 章所介绍的示范项目制浆漂白全部采用 D_0-E_{OP}-D_1 无元素氯漂白工艺（见表 9-4）。

表 9-4　示范项目制浆漂白工艺概况

序号	企业类型	漂白工艺	成品浆白度 /% ISO
1	竹浆	D_0-E_{OP}-D_1 无元素氯漂白	≥ 82
2	草浆	D_0-E_{OP}-D_1 ECF 中浓漂白	83
3	苇浆	D_0-E_{OP}-D_1 无元素氯漂白	82
4	蔗渣浆	D_0-E_{OP}-D_1 无元素氯漂白	82 ～ 86

（1）D_0 段

本色浆经过洗浆机浓缩后进入 D_0 中浓浆泵立管，在立管底部用中浓浆泵把浆送到蒸汽加热器，在蒸汽加热器处浆被中压蒸汽加热到工艺要求的温度后进入中浓混合器，在中浓混合器前二氧化氯被加入到浆中。通过中浓混合器后，浆料进入 D_0 漂白塔，D_0 塔是升流漂白塔，浆料通过塔顶部的刮板卸料器离开 D_0 漂白塔，进入稀释溜槽。D_0 塔的浆被本段滤液槽的滤液稀释；然后浆料在重力作用通过卸料溜槽进入 D_0 段洗浆机。D_0 洗浆机洗鼓上洗涤液为 E_{OP} 段滤液及 D_1 段滤液。

（2）E_{OP} 段

离开 D_0 段洗浆机的浆料进入 E_{OP} 段中浓浆泵立管，碱液和 H_2O_2 按一定的流量加入立管，然后浆料由中浓浆泵送到蒸汽加热器，在蒸汽加热器处浆被中压蒸汽加热到工艺要求的温度后进入中浓混合器。通过中浓混合器后，浆料进入升流式的 E_{OP} 预反应塔，再卸到降流式 E_{OP} 碱化塔。E_{OP} 碱化塔的浆被本段滤液槽的滤液稀释，后用浆泵把浆料送到 E_{OP} 段洗浆机。E_{OP} 洗浆机洗鼓上洗涤液为 D_1 段滤液和热水。

（3）D_1 段

离开 E_{OP} 真空洗浆机后的浆料进入 D_1 段中浓浆泵立管，碱液通过阀门按一定的流量加入立管，然后浆料由中浓浆泵送到蒸汽加热器，在蒸汽加热器处浆被中压蒸汽加热到工艺要求的温度后进入中浓混合器，在中浓混合器前二氧化氯被加入到浆中。通过中浓混合器后，浆料进入 D_1 漂白塔，D_1 塔是升流漂白塔，浆料通过塔顶部的刮板卸料器离开 D_0 漂白塔，进入稀释溜槽。D_1 塔的浆被本段滤液槽的滤液稀释；然后浆料在重力作用通过卸料溜槽进入 D_1 段洗浆机。D_1 洗浆机洗鼓上洗涤液为转鼓式挤浆机白水。

漂白过程 D_0、E_{OP}、D_1 洗浆机滤液回用至本段稀释，前段洗浆、压浆浓缩产生的全部白水回用漂后塔循环稀释，多余的滤液则排入中段水沟处理。

9.2.1　工艺操作要点

（1）D_0 阶段

D_0 塔的浓度应该是 8.5%～10%，温度大约为 55℃。

D_0 阶段化学药品加入量按照产量、洗涤损失、温度、pH 值、漂前浆卡伯值、E_{OP} 段浆卡伯值和 D_0 入塔前漂白化学品的剩余量添加。如果产量高、洗涤损失大，来浆卡伯值高、所要求的漂后白度高、反应温度低，二氧化氯的加入量会增加。

H_2SO_4 在 D_0 段喂料加入是为了保证 D_0 段入口浆 pH 值在 3 左右，如果 pH 值偏高，则不能提供给木素和二氧化氯之间适当的反应条件。H_2SO_4 剂量的设置点是由操作员根据 D_0 阶段喂料 pH 值来控制的。

ClO_2 是在 D_0 混合器前由喂料器加入到浆流程中。D_0 阶段的化学品的消耗量取决于浆料木素含量（卡伯值）和洗涤损失。

在 D_0 阶段 ClO_2 的消耗量在任何条件（产量和温度）的生产运行中必须是充分的，以便 E_{OP} 段卡伯值符合工艺要求。

当浆料流量稳定后，给 D_0 段 ClO_2 加入阀所要求的设定值，然后切换到"自动"模式。当化验反馈结果要求改变或产量改变时，需重新调整设定值。

D_0 阶段漂白化学品的药剂量（每吨风干浆的有效氯用量）基于来浆的卡伯值，操作时，可以通过用漂前浆卡伯值乘以 0.2～0.4 来粗略估计总的耗氯量（以有效氯计）。在 D_0 阶段的药剂量大约是总剂量 50%～60%。因此，例如来浆卡伯值是 10，则漂白段总计有效氯剂量可以是 50kg 有效氯每吨风干浆；其中，在 D_0 阶段大约占 60%，即 30kg 有效氯每吨风干浆。

在计算机模式中，可以使用卡伯因子作为 ClO_2 的添加依据。举例来说，如果来浆卡伯值增加或减少，化学品的药量也相应地被增加或者减少，以维持 D_0 阶段后和 E_{OP} 阶段后 kappa 值的稳定。

漂白控制系统的控制和对正确参数的确定，需要进行实验运行和同条件下的实验室测试。

$Na_2S_2O_3$ 加入 D_0 塔的稀释水中，目的是中和残余氯以避免 D_0 洗浆机被腐蚀。残余氯指标可以通过提取 D_0 段洗浆机滤液作为样本来分析。

浆料大约为 2.5% 的浓度从 D_0 塔的顶端卸下进入 D_0 洗浆机。这通过给个设定值，根据产量来调整 D_0 塔稀释水阀。

（2）E_{OP} 阶段

如果压力增加超过设定值，则 E_{OP} 段喂料立管稀释水阀在"自动"模式中将会打开。压力增加意味着中浓泵出口浓度变高。在漂白系统的所有中浓立管中都有这样的功能。

NaOH 被用来提高 E_{OP} 段喂料 pH 值至 11。在 D_0 段形成的氯化木素，在碱的环境中被提取出来，E_{OP} 段 NaOH 的加入剂量由操作员来调整。NaOH 加入剂量取决于 D_0 段二氧化氯加入量、D_0 洗浆机的洗涤效率和 D_0 段洗浆机中用的 D_1 滤液量。在计算机模式中，可以用 E_{OP} 预反应塔入浆 pH 值来控制 NaOH 加入阀的开度值。

E_{OP} 阶段高的反应温度可以保证提取速度足够快，但太高的温度会降低浆的强度。在产量较低时，浆料停留时间比较长，可以采用较低反应温度。高温通常可以降低 E_{OP} 阶段之后的卡伯值。

H_2O_2 被用来增加白度和减少 D_0、D_1 阶段的 ClO_2 药剂量。一般添加量为 3～5kg/t 风干浆。

E_{OP} 预反应塔进料浓度应该是 9.5%～11%。

E_{OP} 碱化塔的液位通常应该在 70%～80% 以保证有充足的反应时间；另外也能提供一定的空间来防止生产中的临时故障。

E_{OP} 碱化塔底稀释水在"远程"模式中根据 E_{OP} 上浆流量来按比率因素来调整。浓度控制阀会自动调整比率（开口或节流），E_{OP} 塔出浆浓度应该在 3.0% 左右。

（3）D_1 阶段

NaOH 通常被用来提高 pH 值至 3.5～4.5 以达到在不损害浆强度条

件下增加浆的白度。在 D_1 阶段 NaOH 的添加量由操作员来调整。加入量取决于 E_{OP} 阶段的 NaOH 剂量、E_{OP} 洗浆机洗涤效率和用于 E_{OP} 洗浆机的 D_1 滤液总量。通常剂量是 2 ～ 5kg/t 风干浆。

D_1 阶段的 ClO_2 加入剂量阀通常由操作员来调整。D_1 阶段的化学品消耗量取决于 E_{OP} 阶段之后浆的白度和 E_{OP} 洗浆机的洗涤效率。在 D_1 阶段的二氧化氯的用量必须是适当的，以便在 D_1 塔后的浆料中只含少量的残余氯和达到白度值。通常 D_1 阶段的 ClO_2 剂量少于漂白总剂量的1/2。

$Na_2S_2O_3$ 加入 D_1 塔的稀释水中，目的是中和残余有效氯以避免 D_1 洗浆机被腐蚀。$Na_2S_2O_3$ 添加量由操作员凭借经验来调整，$Na_2S_2O_3$ 的加入量必须保证剩余的 ClO_2 接近 0。残余氯指标通过提取 D_1 段洗浆机滤液作为样本来分析。

浆料大约为 2.5% 的浓度从 D_1 塔的顶端卸下进入 D_1 洗浆机。根据这个设定值，由产量来调整 D_1 塔稀释水阀。

（4）蒸汽的加入

蒸汽通常被用来提高各段的反应温度达到工艺要求范围内，蒸汽的加入必须在各段的进浆正常、浆浓度达到工艺要求时才可考虑。

蒸汽的加入量必须与进浆量的大小同步调整。

若系统出现突发故障，如中浓浆泵跳停、断浆，必须立即停止蒸汽的加入，切断阀和调节阀必须均按停机操作的顺序调整至全关的状态，待系统恢复正常后再按启动喂料时的蒸汽加入步骤进行投加蒸汽。

9.2.2　设备维护要点

（1）中浓泵维护要点

如果中浓泵停止泵送，可以通过立管或者浆塔的液位上升看出，最常见的原因是真空系统发生故障或浆浓度太高。通过稀释阀门增加稀释量和检查真空泵的运行，打开真空阀门直到真空管线上的压力表指示真空度达到 "–30 ～ –70kPa"。

检查浆料的温度是否正常，太高的温度会造成浆料的滤液在中浓泵内沸腾，且真空系统不能产生适当的真空。如果液位计指示液位低于实际的液位，真空系统也不能正常地工作。因此，中浓泵中滤液的沸腾和太低的液位都会让真空系统发热。

如果真空系统看起来正常工作，但需要大量的稀释水，则很有可能是在中浓泵和真空泵之间的真空线间或真空泵内部形成了堵塞。如果堵塞发生在泵后，切换中浓泵后的阀门到人工模式并关闭，加入适量的稀释水到立管的底部，检查中浓泵后面能产生压力脉冲的工艺，全开控制阀，重复这些操作几次。如果无效，则排空立管，拆除控制阀，人工清理堵塞。

（2）搅拌器维护要点

当搅拌器正在运行时，需确保槽液位在螺旋桨上面。如果液位过低，对螺旋桨、密封和轴承会产生伤害。

电机的负荷升高通常意味着槽罐中的浆太浓，需要增加稀释水。

（3）泵维护要点

泵液体的流量通过排出阀的开度来调整，不要使用进口阀来调整。不要长时间地在卸料阀关闭或者低于最小额定流量的情况下运行泵。

气蚀（振动噪声）通常意味着吸入端的压力太低或泵的流量太低。

9.2.3　操作注意事项

（1）浆的白度偏低

① 检查入口浆卡伯值是否正常。

② 检查漂前段的洗涤损失是否正常。

③ 增加二氧化氯的剂量。如果 E_{OP} 洗浆机后的卡伯值在正常的范围，增加 D_1 阶段的剂量，否则增加 D_0 阶段的剂量。

④ 检查化学品的剂量是否正确（流量、浓度和产量设定）。

⑤ 如果 NaOH 和 ClO_2 的剂量比正常偏高，逐渐减少它们到正常的水平，太高的剂量可能会使整个漂白程序"中毒"。

⑥ 检查每个阶段的温度是否正常（正常的蒸汽流量和阀门开度）。

⑦ 检查每个洗浆机的洗涤工况（稀释因子应该是 $1 \sim 3m^3/Adt$）。

⑧ 检查喂料 pH 值在正确的范围内。

⑨ 检查 E_{OP} 塔后的 pH 值是 $10 \sim 11$，D_1 塔后的 pH 值是 $3.5 \sim 4$。

⑩ 注意仪表会指示错误值，使用实验室测试和人工检测。

⑪ 检查 D_1 塔后的浆料是否有少许残余 ClO_2。

⑫ 尝试在不同的阶段中的不同 ClO_2 分配比例。

⑬ 如果 D_0 塔、E_{OP} 预反应塔和 D_1 塔已经在低浓度下长时间运行，发生器可能串流，停留时间也相应降低。在下次关闭时清空它们。

（2）浆的强度低

① 检查在每个阶段的温度是否太高。

② 检查喂料的 pH 值和每个阶段的出料是否在工艺要求的范围。

③ 检查漂前来浆的强度是否正常。

9.3　安全环保要点

9.3.1　风险源分析

二氧化氯制备单元为生产二氧化氯漂白液，使用的原材料为甲醇、H_2SO_4、$NaClO_3$，生产过程产生芒硝固体物质。制浆漂白采用二氧化氯漂白法，漂白助剂为二氧化氯、双氧水、液碱，企业安全环境风险源情况见表 9-5。

表 9-5　环境风险源

序号	风险源名称	风险源位置	风险源物质性质	可能发生事故类型
1	化浆甲醇罐	化浆车间二氧化氯工段	有毒、易燃物质	厂内环境染事故
2	化浆硫酸罐	化浆车间二氧化氯工段	强腐蚀、强酸	厂内环境染事故
3	二氧化氯储罐	化浆车间二氧化氯工段	强氧化性	厂内环境染事故
4	化浆双氧水罐	化浆车间漂白工段	强氧化、腐蚀性	厂内环境染事故
5	化浆液碱罐	化浆车间漂白工段	强碱	厂内环境染事故

9.3.2　安全环保注意事项

（1）双氧水罐泄漏预防管理

① 定期对双氧水储罐及其输送设备、阀门等进行检查，对检查中发现的隐患及时落实整改措施。

② 加强对双氧水卸车的管理，杜绝"跑、冒、滴、漏"现象发生。

③ 制定和完善相关管理制度和安全操作规程，加强操作人员的安全意识培训，避免违章操作发生。

④ 在高温情况下，加强双氧水喷淋水管理；储罐区域内禁止烟火，防止双氧水罐出现爆燃泄漏事故。

⑤ 加强物料装卸管理，要求装卸人员须经过培训。

（2）碱罐泄漏预防管理

① 定期对液碱储罐及其输送设备、阀门等进行检查，对检查中发现

的隐患及时进行维修整改。

②加强对液碱卸车的管理，杜绝液碱"跑、冒、滴、漏"现象发生。

③制定和完善相关管理制度和安全操作规程，加强操作人员的安全意识培训，避免违章操作发生。

④定期检查、维护应急设施、设备，开展应急演练，改进应急措施，确保应急有效。

（3）甲醇罐泄漏预防管理

①不断完善、改进安全操作过程，严格执行岗位操作制度，加强管理，杜绝违章操作和管理缺失。

②制定设备巡检制度，定期对甲醇储罐及其输送设备、阀门等进行检查、维护，并做好相关台账记录。

③定期维护罐体液位报警和泄漏报警系统，确保报警系统时刻有效。

④加强岗位人员的操作技能培训，提高人员应对故障处理能力。

⑤加强对物料卸车的管理，杜绝磷酸"跑、冒、滴、漏"现象和违章操作发生。

（4）硫酸罐泄漏预防管理

①制定和完善相关管理制度和安全操作规程，加强操作人员的安全意识培训，避免违章操作发生。

②储存现场设有安全防护和泄漏处置设施，并定期进行维护、检查。

③日常加强储罐体、管道、阀门的检查，发现故障隐患及时处理并做好维护记录。

④加强现场管理，非生产操作、管理人员禁止进入罐区内。

⑤原料运输过程按《危险化学品安全管理条例》中有关运输规定执行。

⑥加强装卸现场管理，禁止晚上、下雨天装卸，装卸人员必须注意防护，按规定穿戴必要的劳保用品。

（5）二氧化氯溶液储罐泄漏预防管理

①加强岗位人员工艺、安全操作培训，严格执行安全操作规程，避免操作失误，杜绝违章操作现象发生。

②每天对储罐、相关管道、阀门、应急设施等进行不少于 3 次的巡检检查，发现"跑、冒、滴、漏"及时汇报、处理。

③加大预防液位、泄漏报警装置维护，确保装置预防有效。

④落实管理责任制，要求班长以上管理人员掌握储罐的日常运行

情况。

（6）废水深度处理异常预防管理

① 严格岗位设备、工艺管理制度，加强监控检查。

② 不断实施生产节水减污技改，从源头上减少污染物产生量。

③ 确保处理药剂应急量充足。

④ 加强工艺运行数据化验分析，及时发现，解决问题。

⑤ 加强岗位人员设备、工艺操作培训，提高工位人员操作技能和处理问题能力。

（7）排水管道事故预防管理

① 制定排水泵安全操作标准，严格按标准执行操作，避免操作失误而造成管道破裂事件发生。

② 加强巡检管理，定期对排水管道进行巡检，确保管道使用安全。

③ 对检测不符合使用安全要求或出现渗漏的管道进行及时更换。

参考文献

[1] 全球环境基金中国制浆造纸行业二噁英减排项目，运行维护手册（草浆）[R].2017.
[2] 全球环境基金中国制浆造纸行业二噁英减排项目，运行维护手册（竹浆）[R].2017.
[3] 全球环境基金中国制浆造纸行业二噁英减排项目，运行维护手册（苇浆）[R].2017.
[4] 全球环境基金中国制浆造纸行业二噁英减排项目，运行维护手册（蔗渣浆）[R].2017.

附 录

附录1

名词英文缩写索引表

序号	英文缩写	中文
1	AOX	可吸附有机卤化物
2	APMP	碱性过氧化氢化学机械浆
3	BCTMP	漂白化学机械磨木浆
4	BAT	最佳可行技术
5	BEP	最佳环境实践
6	BOD	生化需氧量
7	COD	化学需氧量
8	CEH	氯、次氯酸盐和二氧化氯三段漂白
9	Dioxins	二噁英类
10	DBD	二苯并二噁英
11	DBF	二苯并呋喃
12	ECF	无元素氯（漂白）
13	Kappa number	卡伯值
14	Kow	正辛醇／水分配系数
15	POPs	持久性有机污染物
16	PCDDs	多氯代二苯并二噁英
17	PCDFs	多氯代二苯并呋喃
18	PFOs	全氟辛烷磺酰基化合物
19	TCDF	2,3,7,8- 四氯二苯并二呋喃
20	TCDD	2,3,7,8- 四氯二苯并对二噁英
21	TEQ	毒性当量
22	TEF	毒性当量因子

附录 2

制浆造纸工业水污染物排放标准

（GB 3544—2008，代替 GB 3544—2001）

1 适用范围

本标准规定了制浆造纸企业或生产设施水污染物排放限值。

本标准适用于现有制浆造纸企业或生产设施的水污染物排放管理。

本标准适用于对制浆造纸工业建设项目的环境影响评价、环境保护设施设计、竣工环境保护验收及其投产后的水污染物排放管理。

本标准适用于法律允许的污染物排放行为。新设立污染源的选址和特殊保护区域内现有污染源的管理，按照《中华人民共和国大气污染防治法》《中华人民共和国水污染防治法》《中华人民共和国海洋环境保护法》《中华人民共和国固体废物污染环境防治法》《中华人民共和国放射性污染防治法》《中华人民共和国环境影响评价法》等法律、法规、规章的相关规定执行。

本标准规定的水污染物排放控制要求适用于企业向环境水体的排放行为。

企业向设置污水处理厂的城镇排水系统排放废水时，有毒污染物可吸附有机卤化物（AOX）、二噁英在本标准规定的监控位置执行相应的排放限值；其他污染物的排放控制要求由企业与城镇污水处理厂根据其污水处理能力商定或执行相关标准，并报当地环境保护主管部门备案；城镇污水处理厂应保证排放污染物达到相关排放标准要求。

建设项目拟向设置污水处理厂的城镇排水系统排放废水时，由建设单位和城镇污水处理厂按前款的规定执行。

2 规范性引用文件

本标准内容引用了下列文件或其中的条款。

GB/T 6920—1986 水质 pH 值的测定 玻璃电极法

GB/T 7478—1987 水质 铵的测定 蒸馏和滴定法

GB/T 7479—1987 水质 铵的测定 纳氏试剂比色法

GB/T 7481—1987 水质 铵的测定 水杨酸分光光度法

GB/T 7488—1987 水质 五日生化需氧量（BOD_5）的测定 稀释与接种法

GB/T 11893—1989 水质 总磷的测定 钼酸铵分光光度法

GB/T 11894—1989 水质 总氮的测定 碱性过硫酸钾消解紫外分光光度法

GB/T 11901—1989 水质 悬浮物的测定 重量法

GB/T 11903—1989 水质 色度的测定 稀释倍数法

GB/T 11914—1989 水质 化学需氧量的测定 重铬酸盐法

GB/T 15959—1995 水质 可吸附有机卤素（AOX）的测定 微库仑法

HJ/T 77—2001 水质 多氯代二苯并二噁英和多氯代二苯并呋喃的测定 同位素稀释高分辨毛细管气相色谱 / 高分辨质谱法

HJ/T 83—2001 水质 可吸附有机卤素（AOX）的测定 离子色谱法

HJ/T 195—2005 水质 氨氮的测定 气相分子吸收光谱法

HJ/T 199—2005 水质 总氮的测定 气相分子吸收光谱法

《污染源自动监控管理办法》（国家环境保护总局令第 28 号）

《环境监测管理办法》（国家环境保护总局令第 39 号）

3 术语和定义

下列术语和定义适用于本标准。

3.1 制浆造纸企业

指以植物（木材、其他植物）或废纸等为原料生产纸浆，及（或）以纸浆为原料生产纸张、纸板等产品的企业或生产设施。

3.2 现有企业

指本标准实施之日前已建成投产或环境影响评价文件已通过审批的制浆造纸企业。

3.3 新建企业

指本标准实施之日起环境影响文件通过审批的新建、改建和扩建制浆造纸建设项目。

3.4 制浆企业

指单纯进行制浆生产的企业，以及纸浆产量大于纸张产量，且销售纸浆量占总制浆量80％及以上的制浆造纸企业。

3.5 造纸企业

指单纯进行造纸生产的企业，以及自产纸浆量占纸浆总用量20％及以下的制浆造纸企业。

3.6 制浆和造纸联合生产企业

指除制浆企业和造纸企业以外，同时进行制浆和造纸生产的制浆造纸企业。

3.7 废纸制浆和造纸企业

指自产废纸浆量占纸浆总用量80％及以上的制浆造纸企业。

3.8 排水量

指生产设施或企业向企业法定边界以外排放的废水的量，包括与生产有直接或间接关系的各种外排废水（如厂区生活污水、冷却废水、厂区锅炉和电站排水等）。

3.9 单位产品基准排水量

指用于核定水污染物排放浓度而规定的生产单位纸浆、纸张（板）产品的废水排放量上限值。

4 水污染物排放控制要求

4.1 自2009年5月1日至2011年6月30日现有制浆造纸企业执行附表2-1规定的水污染物排放限值。

附表2-1 现有企业水污染物排放限值

企业生产类型		制浆企业	制浆和造纸联合生产企业		造纸企业	污染物排放监控位置
			废纸制浆和造纸企业	其他制浆和造纸企业		
排放限值	1	pH值	6～9	6～9	6～9	6～9	企业废水总排放口
	2	色度（稀释倍数）	80	50	50	50	企业废水总排放口
	3	悬浮物／（mg/L）	70	50	50	50	企业废水总排放口

企业生产类型		制浆企业	制浆和造纸联合生产企业		造纸企业	污染物排放监控位置
			废纸制浆和造纸企业	其他制浆和造纸企业		
排放限值	4	五日生化需氧量（BOD₅）/（mg/L）	50	30	30	30	企业废水总排放口
	5	化学需氧量（COD$_{Cr}$）/（mg/L）	200	120	150	100	企业废水总排放口
	6	氨氮 /（mg/L）	15	10	10	10	企业废水总排放口
	7	总氮 /（mg/L）	18	15	15	15	企业废水总排放口
	8	总磷 /（mg/L）	1.0	1.0	1.0	1.0	企业废水总排放口
	9	可吸附有机卤化物（AOX）/（mg/L）	15	15	15	15	车间或生产设施废水排放口
单位产品基准排水量 /［t/t（浆）］		80	20	60	20	排水量计量位置与污染物排放监控位置一致

注：1. 可吸附有机卤化物（AOX）指标适用于采用含氯漂白工艺的情况。

2. 纸浆量以绝干浆计。

3. 核定制浆和造纸联合生产企业单位产品实际排水量，以企业纸浆产量与外购商品浆数量的总和为依据。

4. 企业漂白非木浆产量占企业纸浆总用量的比重大于60%的，单位产品基准排水量为80t/t（浆）。

4.2　自 2011 年 7 月 1 日起，现有制浆造纸企业执行附表 2-2 规定的水污染物排放限值。

4.3　自 2008 年 8 月 1 日起，新建制浆造纸企业执行附表 2-2 规定的水污染物排放限值。

附表 2-2　新建企业水污染物排放限值

企业生产类型		制浆企业	制浆和造纸联合生产企业	造纸企业	污染物排放监控位置
排放限值	1	pH 值	6～9	6～9	6～9	企业废水总排放口
	2	色度（稀释倍数）	50	50	50	企业废水总排放口
	3	悬浮物 /（mg/L）	50	30	30	企业废水总排放口
	4	五日生化需氧量（BOD₅）/（mg/L）	20	20	20	企业废水总排放口
	5	化学需氧量（COD$_{Cr}$）/（mg/L）	100	90	80	企业废水总排放口
	6	氨氮 /（mg/L）	12	8	8	企业废水总排放口
	7	总氮 /（mg/L）	15	12	12	企业废水总排放口
	8	总磷 /（mg/L）	0.8	0.8	0.8	企业废水总排放口

续表

企业生产类型		制浆企业	制浆和造纸联合生产企业	造纸企业	污染物排放监控位置
排放限值	9　可吸附有机卤化物（AOX）/（mg/L）	12	12	12	车间或生产设施废水排放口
	10　二噁英 /（pg TEQ/L）	30	30	30	车间或生产设施废水排放口
单位产品基准排水量 /［t/t（浆）］		50	40	20	排水量计量位置与污染物排放监控位置一致

注：1. 可吸附有机卤化物（AOX）和二噁英指标适用于采用含氯漂白工艺的情况。

2. 纸浆量以绝干浆计。

3. 核定制浆和造纸联合生产企业单位产品实际排水量，以企业纸浆产量与外购商品浆数量的总和为依据。

4. 企业自产废纸浆量占企业纸浆总用量的比重大于 80％ 的，单位产品基准排水量为 20t/t（浆）。

5. 企业漂白非木浆产量占企业纸浆总用量的比重大于 60％ 的，单位产品基准排水量为 60t/t（浆）。

4.4　根据环境保护工作的要求，在国土开发密度较高、环境承载能力开始减弱，或水环境容量较小、生态环境脆弱，容易发生严重水环境污染问题而需要采取特别保护措施的地区，应严格控制企业的污染物排放行为，在上述地区的企业执行附表 2-3 规定的水污染物特别排放限值。

执行水污染物特别排放限值的地域范围、时间，由国务院环境保护行政主管部门或省级人民政府规定。

附表 2-3　水污染物特别排放限值

企业生产类型		制浆企业	制浆和造纸联合生产企业	造纸企业	污染物排放监控位置
排放限值	1　pH 值	6～9	6～9	6～9	企业废水总排放口
	2　色度（稀释倍数）	50	50	50	企业废水总排放口
	3　悬浮物 /（mg/L）	20	10	10	企业废水总排放口
	4　五日生化需氧量（BOD$_5$）/（mg/L）	10	10	10	企业废水总排放口
	5　化学需氧量（COD$_{Cr}$）/（mg/L）	80	60	50	企业废水总排放口
	6　氨氮 /（mg/L）	5	5	5	企业废水总排放口
	7　总氮 /（mg/L）	10	10	10	企业废水总排放口
	8　总磷 /（mg/L）	0.5	0.5	0.5	企业废水总排放口
	9　可吸附有机卤化物（AOX）/（mg/L）	8	8	8	车间或生产设施废水排放口

企业生产类型		制浆企业	制浆和造纸联合生产企业	造纸企业	污染物排放监控位置
排放限值	10 二噁英/（pg TEQ/L）	30	30	30	车间或生产设施废水排放口
单位产品基准排水量/〔t/t（浆）〕		30	25	10	排水量计量位置与污染物排放监控位置一致

注：1. 可吸附有机卤化物（AOX）和二噁英指标适用于采用含氯漂白工艺的情况。

2. 纸浆量以绝干浆计。

3. 核定制浆和造纸联合生产企业单位产品实际排水量，以企业纸浆产量与外购商品浆数量的总和为依据。

4. 企业自产废纸浆量占企业纸浆总用量的比重大于80%的，单位产品基准排水量为15t/t（浆）。

4.5 水污染物排放浓度限值适用于单位产品实际排水量不高于单位产品基准排水量的情况。若单位产品实际排水量超过单位产品基准排水量，须按公式（1）将实测水污染物浓度换算为水污染物基准水量排放浓度，并以水污染物基准水量排放浓度作为判定排放是否达标的依据。产品产量和排水量统计周期为一个工作日。

在企业的生产设施同时生产两种以上产品，可适用不同排放控制要求或不同行业国家污染物排放标准，且生产设施产生的污水混合处理排放的情况下，应执行排放标准中规定的最严格的浓度限值，并按公式（1）换算水污染物基准水量排放浓度：

$$C_{基} = \frac{Q_{总}}{\sum Y_i Q_{i基}} \times C_{实} \qquad （1）$$

式中　$C_{基}$——水污染物基准水量排放浓度，mg/L；

　　　$Q_{总}$——排水总量，t；

　　　Y_i——第 i 种产品产量，t；

　　　$Q_{i基}$——第 i 种产品的单位产品基准排水量，t/t；

　　　$C_{实}$——实测水污染物浓度，mg/L。

若 $Q_{总}$ 与 $\sum Y_i Q_{i基}$ 的比值小于1，则以水污染物实测浓度作为判定排放是否达标的依据。

5　水污染物监测要求

5.1 对企业排放废水采样应根据监测污染物的种类，在规定的污染物排放监控位置进行，有废水处理设施的，应在该设施后监控。在污染物排放监控位置须设置永久性排污口标志。

5.2　新建企业应按照《污染源自动监控管理办法》的规定，安装污染物排放自动监控设备，与环境保护主管部门的监控设备联网，并保证设备正常运行。各地现有企业安装污染物排放自动监控设备的要求由省级环境保护行政主管部门规定。

5.3　对企业污染物排放情况进行监测的频次、采样时间等要求，按国家有关污染源监测技术规范的规定执行。二噁英指标每年监测一次。

5.4　企业产品产量的核定，以法定报表为依据。

5.5　对企业排放水污染物浓度的测定采用附表 2-4 所列的方法标准。

附表 2-4　水污染物浓度测定方法标准

序号	污染物项目	方法标准名称	方法标准编号
1	pH 值	水质 pH 值的测定 玻璃电极法	GB/T 6920—1986
2	色度	水质 色度的测定 稀释倍数法	GB/T 11903—1989
3	悬浮物	水质 悬浮物的测定 重量法	GB/T 11901—1989
4	五日生化需氧量	水质 五日生化需氧量（BOD_5）的测定 稀释与接种法	GB/T 7488—1987
5	化学需氧量	水质 化学需氧量的测定 重铬酸盐法	GB/T 11914—1989
6	氨氮	水质 铵的测定 蒸馏和滴定法	GB/T 7478—1987
		水质 铵的测定 纳氏试剂比色法	GB/T 7479—1987
		水质 铵的测定 水杨酸分光光度法	GB/T 7481—1987
		水质 氨氮的测定 气相分子吸收光谱法	HJ/T 195—2005
7	总氮	水质 总氮的测定 碱性过硫酸钾消解紫外分光光度法	GB/T 11894—1989
		水质 总氮的测定 气相分子吸收光谱法	HJ/T 199—2005
8	总磷	水质 总磷的测定 钼酸铵分光光度法	GB/T 11893—1989
9	可吸附有机卤化物（AOX）	水质 可吸附有机卤化物（AOX）的测定 微库仑法	GB/T 15959—1995
		水质 可吸附有机卤化物（AOX）的测定 离子色谱法	HJ/T 83—2001
10	二噁英	水质 多氯代二苯并二噁英和多氯代二苯并呋喃的测定同位素稀释高分辨毛细管气相色谱/高分辨质谱法	HJ/T 77—2001

5.6　企业须按照有关法律和《环境监测管理办法》的规定，对排污状况进行监测，并保存原始监测记录。

6 实施与监督

6.1 本标准由县级以上人民政府环境保护行政主管部门负责监督实施。

6.2 在任何情况下，企业均应遵守本标准的水污染物排放控制要求，采取必要措施保证污染防治设施正常运行。各级环保部门在对企业进行监督性检查时，可以现场即时采样或监测的结果，作为判定排污行为是否符合排放标准以及实施相关环境保护管理措施的依据。在发现企业耗水或排水量有异常变化的情况下，应核定企业的实际产品产量和排水量，按本标准的规定，换算水污染物基准水量排放浓度。

关于加强二噁英污染防治的指导意见

环发〔2010〕123 号

各省、自治区、直辖市、计划单列市及新疆生产建设兵团环境保护厅（局）、发展改革委、科技厅（科委、科技局）、工业和信息化主管部门、财政厅（局）、住房城乡建设厅（建委、市政管委、建设局）、商务主管部门、直属检验检疫局，各环境保护督查中心：

为贯彻落实《中华人民共和国履行〈关于持久性有机污染物的斯德哥尔摩公约〉国家实施计划》（以下简称《国家实施计划》），保护生态环境，保障人民身体健康，现就加强二噁英污染防治工作提出以下意见：

一、深刻认识加强二噁英污染防治的重要意义

（一）二噁英具有很强生物毒性，同时具有难以降解、可在生物体内蓄积的特点，进入环境将长期残留，对人类健康和可持续发展构成威胁。全国主要行业持久性有机污染物调查显示，我国 17 个主要行业二噁英排放企业有万余家，涉及钢铁、再生有色金属和废弃物焚烧等多个领域。随着我国经济社会快速发展，二噁英排放量呈增长趋势，我国二噁英污染防治面临严峻形势。党中央、国务院高度重视二噁英等持久性有机污染物污染防治问题。国务院 2007 年 4 月批准《国家实施计划》，对二噁英等持久性有机污染物污染防治工作提出了明确要求。各地要从贯彻落实科学发展观、建设生态文明和保障人民身体健康的高度进一步提高认识，把二噁英污染防治与当前实现节能减排目标，推动产业结构调整紧密结合起来，促进经济社会与环境协调发展。

二、二噁英污染防治指导思想、原则和目标

（二）指导思想。以科学发展观为指导，以保障我国生态环境安全和人民身体健康为目的，预防新源、削减旧源，完善制度、强化监管，综合采取各种措施，有效落实责任，建立长效机制，积极稳妥地推动二噁英污染防治工作。

（三）基本原则。

坚持全面推进、重点突破。对现有的二噁英产生源要采取积极的污染防治措施。当前要重点抓好铁矿石烧结、电弧炉炼钢、再生有色金属生产、废弃物焚烧等重点行业二噁英污染防治工作。

坚持综合防治、协同推进。充分发挥二噁英污染防治与常规污染物削减控制的协同性，将其与节能减排、推行清洁生产、淘汰落后产能等工作统筹推进。

坚持政府主导、市场化推动。发挥政府主导作用，明确企业责任主体，鼓励公众参与监督，推动将二噁英污染防治各项措施落到实处。

（四）目标任务。在铁矿石烧结、电弧炉炼钢、再生有色金属生产、废弃物焚烧等重点行业全面推行削减和控制措施，深入开展清洁生产审核，全面推广清洁生产先进技术、最佳可行工艺和技术等，降低单位产量（处理量）二噁英排放强度。到 2015 年，建立比较完善的二噁英污染防治体系和长效监管机制，重点行业二噁英排放强度降低 10%，基本控制二噁英排放增长趋势。

三、优化产业结构

（五）淘汰落后产能。严格落实《国务院关于进一步加强淘汰落后产能工作的通知》（国发〔2010〕7 号），加大落后产能淘汰力度，加速淘汰二噁英污染严重、削减和控制无经济可行性的落后产能。

（六）严格环境准入条件。进一步完善环境影响评价制度，在审批建设项目环境影响评价文件时要充分考虑二噁英削减和控制要求，将二噁英作为主要特征污染物逐步纳入有关行业的环境影响评价中。加强新建、改建、扩建项目竣工环境保护验收中二噁英排放监测，确保按要求达标排放，从源头控制二噁英产生。在京津冀、长三角、珠三角等重点区域开展二噁英排放总量控制试点工作。

（七）实施清洁生产审核。清洁生产主管部门和环境保护部门应将二

噁英削减和控制作为清洁生产的重要内容，完善清洁生产标准体系，全面推行清洁生产审核，鼓励采用有利于二噁英削减和控制的工艺技术和防控措施。每年年底前，各省级环保部门依法公布应当开展强制性清洁生产审核的二噁英重点排放源企业名单。二噁英重点排放源企业应依法实施清洁生产审核，积极落实审核方案，采取削减和控制措施，开展清洁生产审核的间隔时间不得超过五年，并依法将审核结果向环境保护部门和清洁生产主管部门报告。各级环保部门要加强监督检查，对不实施清洁生产审核或者虽经审核但不如实报告审核结果的，责令限期改正，对拒不改正的企业加大处罚力度。2011 年 6 月底前，重点行业所有排放废气装置，必须配套建设高效除尘设施。

四、切实推进重点行业二噁英污染防治

（八）推动铁矿石烧结的协同减排。铁矿石烧结应通过选用低氯化物含量原料、减少氯化钙使用、对加入原料中的轧钢皮进行除油预处理、增加料层透气性、采用粉尘返料造球等措施减少二噁英的产生。鼓励采用烧结废气循环技术减少废气产生量和二噁英排放量。鼓励有条件的企业建设废气综合净化设施。鼓励企业选择先进工艺，优化工程设计，实现常规污染物与二噁英协同减排。按照《产业结构调整指导目录》相关规定加快淘汰小型烧结机。

（九）强化电弧炉炼钢排放源预处理。电弧炉炼钢企业，应对废钢原料进行预处理。不得在没有高效除尘设施的情况下采用废钢预热工艺。鼓励有条件的企业结合电弧炉装备工艺特点开展二噁英减排工程实践。

（十）加大再生有色金属行业污染防治力度。加速淘汰直接燃煤的反射炉、坩埚炉等工艺落后、能源消耗高、环境污染严重、金属回收率低的技术装备。现有再生熔炼设施的生产过程中，应采取有效措施去除原料中含氯物质及切削油等有机物。鼓励封闭化生产。

（十一）推进高标准废弃物焚烧设施建设。结合落实《全国城镇生活垃圾处理设施建设规划》《危险废物和医疗废物集中处置设施建设规划》，加快淘汰污染严重、工艺落后的废弃物焚烧设施，推进高标准集中处置设施建设，减少二噁英排放。加强废弃物焚烧设施运行管理，严格落实《生活垃圾焚烧污染控制标准》《危险废物焚烧污染控制标准》技术要求。新建焚烧设施，应优先选用成熟技术，审慎采用目前尚未得到实际

应用验证的焚烧炉型。建立企业环境信息公开制度，废弃物焚烧企业应当向社会发布年度环境报告书。主要工艺指标及硫氧化物、氮氧化物、氯化氢等污染因子应实施在线监测，并与当地环保部门联网。污染物排放应每季度采样检测一次。应在厂区明显位置设置显示屏，将炉温、烟气停留时间、烟气出口温度、一氧化碳等数据向社会公布，接受社会监督。

五、建立完善二噁英污染防治长效机制

（十二）编制重点行业污染防治规划。以重点行业二噁英污染防治为主要内容，编制全国重点行业持久性有机污染物"十二五"污染防治规划，明确防治目标、任务和政策措施。各省级环保部门要加强基础工作，摸清二噁英污染源和排放现状，合理确定二噁英削减和控制目标，提出相应措施，按照《省级持久性有机污染物"十二五"污染防治规划编制指南》，抓紧编制辖区持久性有机污染物污染防治规划。各地在开展节能减排和环境治理等重点工程建设中，应统筹考虑二噁英污染防治。

（十三）严格环境监管。加强对二噁英重点排放源的监督性监测和监管核查，对未按规定和要求实施控制措施的排放源，限期整改。所在地环保部门应对废弃物焚烧装置排放情况每二个月开展一次监督性监测，对二噁英的监督性监测应至少每年开展一次。不符合产业政策的重污染企业应报请当地政府取缔关闭；超标排污企业，应依法责令限期治理并处罚款。逾期未完成治理任务的，应提请当地政府关闭；存在环境安全隐患的企业，应责令改正。加强对废弃物产生单位的环境保护监管力度，促使有关单位和企业及时将危险废弃物交由有资质的处置单位进行规范的无害化处置。各级环保部门应全面掌握污染源的基本情况，建立健全各类重点污染源档案和污染源信息数据库，完善重点排放源二噁英排放清单。加强二噁英监测能力建设，完善二噁英监测制度，配齐监测装置，加强人员培训，切实提高二噁英监测技术水平，满足监管核查需要。

（十四）健全排放源动态监控和数据上报机制。完善二噁英排放申报登记和信息上报制度。排放二噁英的企业和单位应至少每年开展一次二噁英排放监测，并将数据上报地方环保部门备案。各级环保部门应逐步开展环境介质二噁英监测工作，重点是排放源周边的敏感区域。建立二

噁英排放源动态监控与信息上报系统，分析排放变化情况，对二噁英削减和控制过程及效果进行综合评估。

（十五）完善相关环境经济政策。逐步建立促进企业主动削减的经济政策体系，鼓励企业采用有利于二噁英削减的生产方式。对存在较大环境风险的二噁英排放企业，推行环境污染责任保险制度。通过合理的经济补偿和政策引导，加快二噁英污染严重的企业有序退出。

六、加强技术研发和示范推广

（十六）加强技术标准体系建设。建立健全防治二噁英污染的强制性技术规范体系，加强强制性标准推广。加强对相关技术标准的更新管理，逐步提高保护水平。鼓励地方、行业及企业制定和实施严于国家强制性要求的标准和措施。制定重点行业二噁英削减和控制技术政策，推广最佳可行污染防治工艺和技术。健全重点行业二噁英排放标准体系，制修订并严格执行铁矿石烧结、电弧炉炼钢、再生有色金属生产、废弃物焚烧及殡葬火化等行业二噁英排放标准和二噁英监控规范，引导重点行业提高技术水平。

（十七）大力推动二噁英削减和控制关键技术研发和工程示范。有关科技发展计划应将预防、减少和控制二噁英产生的替代工艺、替代技术，以及过程优化、尾气净化技术和设备等列为重点，加大研发和工程示范力度。鼓励企业与高等院校、科研机构等合作，加强二噁英削减关键技术联合攻关。

七、保障措施

（十八）落实各方责任。二噁英污染防治工作由地方政府负总责，要切实加强组织领导，建立环保部门牵头，政府有关部门参加的二噁英污染防治协调机制，形成责任明确、共同推进的管理体制。各有关部门应加强对二噁英污染防治的指导，加强行政执法。建立定期通报和目标考核责任制度，保证各项措施和规划的实施。

（十九）加强宣传教育。各地环保部门应组织开展多种形式的宣传教育活动，采取通俗易懂的方式，通过广播、电视、报纸、互联网等新闻媒体，加强二噁英危害及可防可控的宣传力度，积极引导广大群众了解有关二噁英防护知识。

（二十）加大资金投入。拓宽投融资渠道，加大对重点行业二噁英削

减和控制投入力度。各级政府在安排节能减排等环保投资时，应加大对
重点源二噁英削减和控制的支持力度，鼓励当地企业削减和控制二噁英。
积极引导各类资本进入二噁英削减控制领域。积极加强国内外交流与合
作，争取国际社会资金和技术支持。

环境保护部　外交部
国家发展改革委　科技部
工业和信息化部　财政部
住房和城乡建设部　商务部
国家质量监督检验检疫总局
二〇一〇年十月十九日

重点行业二噁英污染防治技术政策

一、总则

（一）为贯彻《中华人民共和国环境保护法》等相关法律法规，防治环境污染，保障生态环境安全和人体健康，指导环境管理与科学治污，引领重点行业二噁英污染防治技术进步与新技术研发，促进绿色发展，制定本技术政策。

（二）本技术政策所涉及的重点行业包括：铁矿石烧结、电弧炉炼钢、再生有色金属（铜、铝、铅、锌）生产、废弃物焚烧、制浆造纸、遗体火化和特定有机氯化工产品生产等。

（三）本技术政策为指导性文件，提出了重点行业二噁英污染防治可采取的技术路线和技术方法，包括源头削减、过程控制、末端治理、新技术研发等方面的内容，为重点行业二噁英污染防治相关规划、排放标准、环境影响评价等环境管理和企业污染防治工作提供技术指导。

（四）二噁英污染防治应遵循全过程控制的原则，加强源头削减和过程控制，积极推进污染物协同减排与专项治理相结合的技术措施，严格执行二噁英污染排放限值要求，减少二噁英的产生和排放。

（五）通过实施本技术政策，到2020年，显著降低重点行业单位产量（处理量）的二噁英排放强度，有效遏制重点行业二噁英排放总量增长的趋势。

二、源头削减

（六）铁矿石烧结宜采用大型烧结机；鼓励采用小球烧结、厚料层烧结、热风烧结和低温烧结等工艺技术，减少设备漏风率；鼓励采用烧结热烟气循环技术，减少烟气和二噁英排放量。

铁矿石烧结工艺应选用氯、铜等杂质含量低的高品位铁精矿；宜选用无烟煤和低氯化物含量的添加剂，减少氯化钙熔剂的使用；加入生产原料中的轧钢皮、铁屑等应进行除油预处理。

（七）电弧炉炼钢宜采用超高功率大型电炉；废钢作为生产原料在入炉前应进行分拣、清洗等预处理，避免含氯的油脂、油漆、涂料、塑料等物质入炉。

（八）再生有色金属生产鼓励采用富氧强化熔炼等先进工艺技术；宜采取机械分选等预处理措施分离原料中的含氯塑料等物质；鼓励利用煤气等清洁燃料。

（九）废弃物焚烧应采用成熟、先进的焚烧工艺技术。危险废物入炉焚烧前应根据其成分、热值等参数进行合理搭配，保证入炉危险废物的均质性；生活垃圾入炉前应充分混合、排除渗滤液，提高入炉生活垃圾热值。

（十）遗体火化应采用再燃式火化机；鼓励采用多级燃烧等充分燃烧技术；鼓励使用天然气、煤气、液化石油气等气体燃料；减少火化随葬品中聚氯乙烯等成分。

三、过程控制

（十一）铁矿石烧结、电弧炉炼钢、再生有色金属生产、废弃物焚烧和遗体火化设施应设置先进、完善、可靠的自动控制系统和工况参数在线监测系统。

（十二）企业应建立健全日常运行管理制度并严格执行，确保生产和污染治理设施稳定运行；应定期监测二噁英的浓度，并按相关规定公开工况参数及有关二噁英的环境信息，接受社会公众监督。

（十三）铁矿石烧结过程应增加料层透气性，保持带速、混合料均匀度、生料成分和床层厚度等工况的稳定。

（十四）再生有色金属熔炼过程应采用负压状态或封闭化生产方式，避免无组织排放。

（十五）废弃物焚烧应保持焚烧系统连续稳定运行，减少因非正常工况运行而生成的二噁英。生活垃圾焚烧和医疗废物焚烧炉烟气出口的温度应不低于850℃，危险废物焚烧炉二燃室的温度应不低于1100℃，烟气停留时间应在2.0秒以上，焚烧炉出口烟气的氧气含量不少于6%（干烟气），并控制助燃空气的风量和注入位置，保证足够的炉内湍流程度。

（十六）火化机应设有再燃室，在遗体入炉前再燃室的温度不低于850℃，烟气的停留时间应在 2.0 秒以上，再燃室出口烟气的氧气含量不低于 8%（干烟气），并控制助燃空气的风量和供风方式，提高烟气湍流度，确保遗体及其随葬品充分燃烧。遗物祭品焚烧应配置带有烟气处理设施的专用焚烧系统，避免无组织排放。

（十七）造纸生产的制浆工艺鼓励采用氧脱木素技术、强化漂前浆洗涤技术；漂白工艺宜采用以二氧化氯为漂白剂的无元素氯漂白技术；鼓励采用过氧化氢、臭氧、过氧硫酸以及生物酶等全无氯漂白技术，减少漂白段二噁英的产生。

（十八）2,4- 滴、三氯苯酚、氯苯类、乙烯氧氯化法生产聚氯乙烯等化工产品的生产过程中，应优化主体合成反应、蒸馏等工艺条件，以降低含氯精细化工产品中残留的二噁英。

四、末端治理

（十九）根据铁矿石烧结、电弧炉炼钢、再生有色金属生产、废弃物焚烧和遗体火化行业的工艺特点，应采用高效除尘技术等协同处理烟气中的二噁英。

铁矿石烧结机头烟气宜优先采用电袋复合除尘技术，机尾烟气宜采用高效袋式除尘技术。电弧炉炼钢过程中产生的烟气宜采用"炉内排烟＋大密闭罩＋屋顶罩"方式捕集，并优先采用高效袋式除尘器净化。再生有色金属生产、废弃物焚烧和遗体火化过程中产生的烟气宜采用高效袋式除尘技术和活性炭喷射等技术进行处理。

（二十）铁矿石烧结、电弧炉炼钢、再生有色金属生产和危险废物焚烧进行尾气处理时，应确保在后续管路和设备中烟气不结露的前提下，尽可能减少烟气急冷过程的停留时间，减少二噁英的生成。

（二十一）铁矿石烧结、电弧炉炼钢、再生有色金属生产、废弃物焚烧进行烟气热量回收利用时，应采取定期清除换热器表面的灰尘等措施，尽量减少二噁英的再生成。

（二十二）铁矿石烧结、电弧炉炼钢、再生有色金属（铜、铅、锌）生产烟气净化设施产生的含二噁英飞灰，鼓励经预处理后返回原系统利用。

（二十三）废弃物焚烧烟气净化设施产生的含二噁英飞灰、特定有机氯化工产品生产过程中产生的含二噁英废物应按照国家相关规定进行无害化处置。应对遗体火化和遗物祭品焚烧烟气净化设施捕集的飞灰进行妥善处置。

五、鼓励研发的新技术

（二十四）铁矿石烧结、电弧炉炼钢和再生有色金属生产等行业研发自动化、连续化节能环保冶金技术及装置。

（二十五）再生有色金属生产行业研发机械拆解、分类分选和表面洁净化等预处理技术及其装备。

（二十六）化学浆无氯漂白新技术。

（二十七）二噁英阻滞、催化分解技术及其装备。

（二十八）二噁英与常规污染物（氮氧化物、二氧化硫、颗粒物、重金属等）的高效协同减排技术。

（二十九）飞灰等含二噁英固体废物无害化处置技术、二次污染控制技术。

（三十）快速、低成本、高灵敏度的二噁英检测技术及其装备。

造纸行业排污许可证申请与核发技术规范

一、适用范围及排污单位基本情况

(一)适用范围

本技术规范适用于指导造纸行业排污单位填报《排污许可证申请表》及网上填报相关申请信息,同时适用于指导核发机关审核确定排污许可证许可要求。

造纸行业排污许可证发放范围为所有制浆企业、造纸企业、浆纸联合企业以及纳入排污许可证管理的纸制品企业。

造纸企业排放的水污染物、大气污染物均应实施排污许可管理。

造纸企业中,执行《火电厂大气污染物排放标准》(GB 13223)的生产设施或排放口,适用《火电行业排污许可证申请与核发技术规范》,其余均适用本技术规范。

排污许可分类管理名录出台后,造纸行业排污许可证发放范围从其规定。

(二)排污单位基本情况填报要求

排污单位基本情况包括:排污单位基本信息,主要产品及产能,主要原辅材料及燃料,产排污节点、污染物及污染治理设施,以及生产工艺流程图和厂区总平面布置图。

1. 排污单位基本信息

企业需填报的排污单位基本信息包括:单位名称、法人、生产经营场所经纬度、所在地是否属于大气污染重点控制区域、是否投产、环评及验收批复文件文号、地方政府对违规项目的认定或备案文件、总量分配文件文号等。对于同一法人拥有多个生产经营场所的情形,应分别申报。

按照《国务院办公厅关于加强环境监管执法的通知》（国办发〔2014〕56号）要求，各地全面清理违法违规项目，经地方政府依法处理、整顿规范并符合要求的项目，纳入排污许可管理范围。对于不具备环评批复文件或地方政府对违规项目的认定或备案文件的造纸企业，原则上不得申报排污许可证。

2. 主要产品及产能

造纸企业应填写主要生产单元、主要工艺、生产设施、生产设施编号、设施参数、产品、生产能力、设计生产时间及其他。

在填报"主要产品及产能"时，需选择行业类别，除在填写执行《火电厂大气污染物排放标准》（GB 13223）的生产设施需选择火电行业外，其余均选择造纸行业。

（1）主要生产单元 为必填项，分为化学浆生产线、半化学浆生产线、化机浆生产线、机械浆生产线、废纸浆生产线、造纸生产线、公用单元等。（企业在填报时，应当在国家排污许可证管理信息平台申报系统的下拉菜单中选择并填写。对于选填内容或菜单中未包括的内容，可由地方环保部门决定是否填报，企业认为需要填报的，可以自行填报，下同）。

（2）主要工艺 为必填项，分为漂白／本色硫酸盐化学浆、漂白／本色亚硫酸盐化学浆、漂白／本色碱法化学浆、漂白／本色亚氨法制浆、漂白／本色过氧化氢化学浆、漂白／本色碱性过氧化氢化学机械浆（APMP）、漂白／本色化学热法机械木浆（BCTMP）、漂白／本色化学热磨机械浆（CTMP）、漂白／本色热磨机械浆（TMP）、漂白／本色半化学浆、漂白／本色废纸浆、溶解浆、造纸、加工纸、纸制品，公用单元分为化学品制备、碱回收车间、储存系统、锅炉、辅助系统等。

（3）生产设施 关于木浆及非木浆生产线，必填项包括：备料（湿法备料、干法备料、废纸挑选）、蒸煮（连续蒸煮器、立锅、蒸球、其他）、洗涤（置换洗浆机、真空洗浆机、压力洗浆机、带式洗浆机、螺旋挤浆机、其他）、筛选（全封闭压力筛选、压力筛选、其他）、氧脱木素（无、一段、两段）、漂白（二氧化氯漂白、次氯酸盐漂白、氯气漂白、过氧化氢漂白、其他漂白系统）、机械磨浆（压力磨浆机、常压磨浆机、低浓磨浆机、其他磨浆机）、碱回收车间（碱回收炉、蒸发器、污冷凝水回收、石灰窑）、化学品制备（二氧化氯制备、次氯酸盐制备、其他）、制浆废液回收利用（红液回收、废液燃烧回收、黑液综合利用、亚氨法废液综合利用）。选填项包括：机械浆预处理等生产设施。

关于废纸制浆生产线，必填项包括：脱墨（一级浮选、二级浮选、一级洗涤、二级洗涤、其他）和漂白（过氧化氢、二氧化氯、臭氧、氯气、其他）；选填项包括碎浆、热分散、筛选等生产设施。

关于造纸生产线，必填项包括造纸（圆网造纸机、长网造纸机、超成型造纸机、叠网纸机、夹网纸机、斜网造纸机、其他）和白水回收（气浮、沉淀塔、多盘回收机、圆网浓缩机、其他）；选填项包括涂布、表面施胶、干燥等生产设施。

关于公用单元，必填项包括：燃烧炉（锅炉、生物质炉、焚烧炉）、储存系统（原料堆场、煤场、筒仓、油罐、气罐、化学品库）、锅炉（循环流化床锅炉、煤粉锅炉、燃油锅炉、燃气锅炉、凝汽式汽轮机、抽凝式汽轮机、背压式汽轮机、抽背式汽轮机）、辅助系统（灰库、渣仓、渣场、灰渣场、石膏库房、氨水罐、液氨罐、石灰石粉仓、污泥储存间）；选填项包括：供水处理系统（清水制备系统、软化水制备设备、其他）和锅炉及发电系统中省煤器、空气预热器、一次风机、送风机、二次风机等。

本技术规范尚未作出规定，且排放工业废气和有毒有害大气污染物，有明确国家和地方排放标准的，相应生产设施为必填项。

（4）排污许可证申请表中的生产设施编号　为必填项。企业填报内部生产设施编号，若企业无内部生产设施编号，则根据《固定污染源（水、大气）编码规则（试行）》进行编号并填报。

（5）设施参数　分为参数名称、设计值、计量单位等，对于公用单元的燃烧炉、储存系统、辅助系统为必填项，生产过程中蒸煮工艺填写粗浆得率、漂白工艺填写漂白浓度、碱回收单元的蒸发填写黑液提取率、机械磨浆填写磨浆浓度、白水回收系统填写白水循环利用率，造纸机填写抄宽、车速，均为设计值，其他为选填项。

（6）产品名称　为必填项，分为浆板、新闻纸、生活用纸、包装用纸、箱纸板、瓦楞原纸、特种纸、纸制品等。

（7）生产能力及计量单位　为必填项，生产能力为主要产品设计产能，并标明计量单位。产能与经过环境影响评价批复的产能不相符的，应说明原因。

（8）设计年生产时间　为必填项。

（9）其他　为选填项，企业如有需要说明的内容，可填写。

3. 主要原辅材料及燃料

造纸企业应填写原料、辅料及燃料名称、年最大使用量等。

（1）种类　为必填项，分为原料、辅料。

（2）原料名称　为必填项，分为针叶木、阔叶木、竹类、麦草、芦苇、甘蔗渣、废纸、商品浆、水等。

（3）辅料名称　包括工艺过程中添加辅料和废水、废气污染治理过程中添加的化学品，分为氢氧化钠（烧碱）、硫化钠、双氧水、臭氧、二氧化氯、液氯、液氨、氨水、石灰石、石灰、填料、增白剂、硫酸、盐酸、混凝剂、助凝剂等。必填项为废水、废气污染治理过程中添加的化学品，制浆过程中蒸煮、漂白工艺添加的化学品和造纸过程中添加的填料为必填项，其余为选填项。

（4）燃料名称　为必填项，分为燃煤（灰分、硫分、挥发分、热值等）、天然气、重油等。

（5）年最大使用量　为必填项。已投运排污单位的年最大使用量按近五年实际使用量的最大值填写，未投运排污单位的年最大使用量按设计使用量填写。

（6）有毒有害元素占比、硫元素占比及其他　为选填项。

4. 产排污节点、污染物及污染治理设施

该部分包括废气和废水两部分。废气部分应填写生产设施对应的产污节点、污染物种类、排放形式（有组织、无组织）、污染治理设施、是否为可行技术、排放口编号及类型。废水部分应填写废水类别、污染物种类、排放去向、污染治理设施、是否为可行技术、排放口编号、排放口设置是否规范及排放口类型。

（1）废气产污环节　分为锅炉、碱回收炉、石灰窑、焚烧炉、堆场、备料、蒸煮、洗涤、漂白、储存系统等。

（2）污染物种类　为标准中污染因子，如废气中的颗粒物、二氧化硫、氮氧化物等和废水中的 COD、氨氮等。

（3）排污许可证申请表中的污染治理设施编号　可填写企业内部污染治理设施编号，若企业无内部编号，则根据《固定污染源（水、大气）编码规则（试行）》进行编号并填报。

（4）治理设施名称　废气分为脱硫系统（单塔单循环、单塔双循环、双塔双循环等）、脱硝系统、脱汞措施、除尘器等；废水分为工业废水处理系统、生活污水处理系统等。

（5）污染治理工艺　废气包括脱硫系统（石灰石 - 石膏湿法、石灰 - 石膏湿法、电石渣法、氨 - 肥法、氨 - 亚硫酸铵法等）、脱硝系统（低氮燃烧器、SCR、SNCR 等）、脱汞措施（卤素除汞、烟道喷入活性炭吸附剂等）、除尘器（静电除尘、袋式除尘器、电袋复合除尘器等）；废水治理工艺分为混凝、沉淀、絮凝、气浮、厌氧、好氧、蒸发结晶、深度处理等。

（6）废水类别　分为制浆废水、造纸废水、生活污水、热电锅炉排水、初期雨水等。

（7）废水排放去向　分为不外排、排至厂内综合污水处理站、直接进入海域等。

（8）废水排放规律　分为连续排放，流量稳定；连续排放，流量不稳定，但有周期性规律等。

（9）可行技术　具体内容见"三、可行技术"；对于采用不属于可行技术范围的污染治理技术，应填写提供的相关证明材料。

（10）排污许可证申请表中的排放口编号　填写地方环境管理部门现有编号或由企业根据《固定污染源（水、大气）编码规则（试行）》进行编号并填写。

（11）排放口设置是否符合要求　填写排放口设置是否符合排污口规范化整治技术要求等相关文件的规定。

（12）排放口类型　分为外排口、设施或车间排放口，其中外排口又分为主要排放口、一般排放口。造纸废水排放口全部为主要排放口，如采用氯气漂白工艺需填写设施或车间排放口；废气主要排放口为碱回收炉和锅炉废气排放口，一般排放口为石灰窑和焚烧炉废气排放口。

排污单位基本信息内容原则上为必填项，在填报主要产品及产能、主要原辅材料及燃料时区分必填项和选填项，并应当在国家排污许可证管理信息平台申报系统的下拉菜单中选择，菜单中未包括的，可自行增加内容。

企业基本信息应当按照企业实际情况填报，确保真实、有效。生产设施及排放口信息要满足本技术规范的要求。本技术规范尚未作出规定，且排放工业废气和有毒有害大气污染物的，应当执行国家和地方排放标准的，要参照相关技术规范自行填报。企业针对申请的排污许可要求，评估污染排放及环境管理现状，对存在需要改正的，可在排污许可证管理信息平台申请系统中提出改正措施。

有核发权的地方环境保护主管部门补充制订的相关技术规范有要求

的，以及企业认为需要填报的，应补充填报。

二、产排污节点对应排放口及许可排放限值

本技术规范主要基于污染物排放标准及总量控制要求确定产排污节点、排放口、污染因子及许可限值。对于新增污染源，应对照环境影响评价文件及批复要求，从严确定；对于现有污染源，有核发权的地方环境保护主管部门可根据环境质量改善需要，综合考虑本技术规范及环境影响评价文件及批复要求，确定产排污节点、排放口、污染因子及许可限值。依法制定并发布的限期达标规划中有明确要求的，还要综合考虑，确定产排污节点、排放口、污染因子及许可限值。有核发权的地方环境保护主管部门合规补充制定的其他各项要求，应当依据规范性文件相应增加内容。

（一）产排污节点及排放口具体规定

1. 废水类别及排放口

造纸企业纳入排污许可管理的废水类别包括所有生产废水和排入厂区污水处理站的生活污水、初期雨水，单独排入城镇集中污水处理设施的生活污水仅说明去向。对于造纸行业废水排放口，不再区分主要排放口和一般排放口。所有废水排放口实施许可管理污染因子为列入《制浆造纸工业水污染物排放标准》（GB 3544）的所有污染因子，具体见附表5-1。地方有其他要求的，从其规定。

附表 5-1　废水类别及污染因子

废水类别	污染因子
漂白车间或生产设施废水排放口	可吸附有机卤素（AOX）[①]
	二噁英[①]
生活污水 初期雨水	…
生产废水外排口	pH 值
	色度
	悬浮物
	化学需氧量
	生化需氧量
	氨氮
	总磷
	总氮

① AOX 和二噁英仅适用于含元素氯漂白工艺的企业。

2. 废气产排污节点及排放口

造纸企业废气产排污节点包括对应的生产设施和相应排放口，生产设施主要包括锅炉、碱回收炉、石灰窑炉、焚烧炉等，相应排放口主要包括上述生产设施烟囱或排气筒。实施许可管理的废气污染因子为列入相应排放标准的所有污染因子，具体见附表 5-2。

附表 5-2　废气生产设施及排放口

生产设施	排放口	污染因子
主要排放口		
锅炉	锅炉烟囱	颗粒物
		二氧化硫
		氮氧化物
		汞及其化合物①
		烟气黑度（林格曼黑度，级）
碱回收炉	碱回收炉烟囱	颗粒物
		二氧化硫
		氮氧化物
一般排放口		
石灰窑炉	石灰窑炉烟囱	颗粒物
		二氧化硫
焚烧炉	焚烧炉烟囱	二氧化硫
		氮氧化物
		颗粒物、氯化氢、汞及其化合物、（镉、铊及其化合物）、（锑、砷、铅、铬、钴、铜、锰、镍及其化合物）、二噁英、一氧化碳②
		烟尘、一氧化碳、氟化氢、氯化氢、汞及其化合物、镉及其化合物、（砷、镍及其化合物）、铅及其化合物、（铬、锡、锑、铜、锰及其化合物）、二噁英③
厂界		臭气浓度、硫化氢、氨、颗粒物、氯化氢④

① 适用于燃煤锅炉。

②、③ 分别为《生活垃圾焚烧污染控制标准》（GB 18485）、《危险废物焚烧污染控制标准》（GB 18484）中污染因子。废气排放口中如排放①②中涉及的污染因子，则纳入管控范围。

④ 适用于采用含氯漂白工艺的企业。

造纸企业废气排放口分为主要排放口和一般排放口，主要排放口管控许可排放浓度和许可排放量，详细填报排放口具体位置、排气筒高度、排气筒出口内径等信息。本次暂将锅炉、碱回收炉烟囱列为主要排放口，石灰窑炉、焚烧炉烟囱列为一般排放口，其他有组织废气由企业在申请排污许可证阶段自行申报，按照相应的污染物排放标准进行管控；

无组织废气污染源应说明采取的控制措施。地方排污许可规范性文件有具体规定或其他要求的，从其规定。

（二）许可排放限值

许可排放限值包括污染物许可排放浓度和许可排放量，原则上按照污染物排放标准和总量控制要求进行确定。执行特别排放限值的地区或有地方排放标准的，按照从严原则进行确定。

企业申请的许可排放限值严于本规范规定的，排污许可证按照申请的许可排放限值核发。

对于大气污染物，以生产设施或有组织排放口为单位确定许可排放浓度和许可排放量。对于水污染物，按照排放口确定许可排放浓度和许可排放量。企业填报排污许可限值时，应在排污许可申请表中写明申请的许可排放限值计算过程。

1. 许可排放浓度

（1）废水　所有废水排放口分别确定许可排放浓度。

明确各项水污染因子许可排放浓度（除 pH 值、色度外）为日均浓度。

废水直接排放外环境的现有制浆、造纸及制浆造纸联合企业水污染物许可排放浓度限值按照《制浆造纸工业水污染物排放标准》（GB 3544）确定；根据《关于太湖流域执行国家排放标准水污染物特别排放限值时间的公告》（环境保护部 2008 年第 28 号公告）和《关于太湖流域执行国家污染物排放标准水污染物特别排放限值行政区域范围的公告》（环境保护部 2008 年第 30 号公告），江苏省苏州市全市辖区，无锡市全市辖区，常州市全市辖区，镇江市的丹阳市、句容市、丹徒区，南京市的溧水县、高淳县；浙江省湖州市全市辖区，嘉兴市全市辖区，杭州市的杭州市区（上城区、下城区、拱墅区、江干区、余杭区，西湖区的钱塘江流域以外区域）、临安市的钱塘江流域以外区域；上海市青浦区全部辖区自 2008 年 9 月 1 日起执行《制浆造纸工业水污染物排放标准》（GB 3544）的水污染物特别排放限值。省级环保部门如确定了其他需要执行特别排放限值的区域，所在区域企业执行相应的特别排放限值要求。地方污染物排放标准有更严格要求的，从其规定。

废水排入集中式污水处理设施的造纸企业，其污染物许可排放浓度限值按照《制浆造纸工业水污染物排放标准》（GB 3544）或地方污染物排放标准规定，由企业与污水处理设施运营单位协商确定；如未商定的，按照《污水综合排放标准》（GB 8978）中的三级排放限值、《污水排入城镇下水道水质标准》（GB/T 31962）以及其他有关标准从严确定。

制浆、造纸及制浆造纸联合企业生产设施同时生产两种以上产品、可适用不同排放控制要求或不同行业国家污染物排放标准，且生产设施产生的污水混合处理排放的情况下，应执行排放标准中规定的最严格的浓度限值。

纸制品企业水污染物许可排放浓度限值按照《污水综合排放标准》（GB 8978）要求确定，其中总磷、总氮因子排放浓度限值参照《制浆造纸工业水污染物排放标准》（GB 3544）中造纸企业的排放要求确定，对于有环境影响评价批复且目前按照环境影响评价确定的限值进行环境监管的企业，也可按照环境影响评价文件及批复要求申请许可排放浓度限值。

（2）废气　以产排污节点对应的生产设施或排放口为单位，明确各台碱回收炉、石灰窑炉、焚烧炉各类污染物许可排放浓度，为小时浓度。

根据《关于碱回收炉烟气执行排放标准有关意见的复函》（环函〔2014〕124号），65t/h（1t/h = 0.7MV，下同）以上碱回收炉废气中烟尘、二氧化硫、氮氧化物许可排放浓度限值可参照《火电厂大气污染物排放标准》（GB 13223）中现有循环流化床火力发电锅炉的排放控制要求确定；65t/h及以下碱回收炉废气中烟尘、二氧化硫、氮氧化物许可排放浓度限值参照《锅炉大气污染物排放标准》（GB 13271）中生物质成型燃料锅炉的排放控制要求确定。对于有环境影响评价批复的，也可按照环境影响评价文件及批复要求确定许可排放浓度限值。

执行《锅炉大气污染物排放标准》（GB 13271）的锅炉废气中颗粒物、二氧化硫、氮氧化物、汞及其化合物（仅适用于燃煤锅炉）许可排放浓度限值按照《锅炉大气污染物排放标准》（GB 13271）确定。北京市、天津市、石家庄市、唐山市、保定市、廊坊市、上海市、南京市、无锡市、常州市、苏州市、南通市、扬州市、镇江市、泰州市、杭州市、宁波市、嘉兴市、湖州市、绍兴市、广州市、深圳市、珠海市、佛山市、江门市、肇庆市、惠州市、东莞市、中山市、沈阳市、济南市、青岛市、淄博市、潍坊市、日照市、武汉市、长沙市、重庆市主城区、成都市、福州市、三明市、太原市、西安市、咸阳市、兰州市、银川市等47个城市市域范围按照《关于执行大气污染物特别排放限值的公告》（环境保护部公告 2013 年第 14 号）和《关于执行大气污染物特别排放限值有关问题的复函》（环办大气函〔2016〕1087 号）的要求确定许可排放浓度。地方有更严格的排放标准要求的，按照地方排放标准进行确定。

石灰窑炉废气中烟尘、二氧化硫许可排放浓度限值按照《工业炉窑大气污染物排放标准》（GB 9078）确定。

焚烧炉废气中烟尘、二氧化硫、氮氧化物、汞及其化合物、CO 和废气中明确排放的氯化氢、氟化氢、（镉、铊及其化合物）、（锑、砷、铅、铬、钴、铜、锰镍及其化合物）、二噁英污染物许可排放浓度限值，对于焚烧危险废物的，按照《危险废物焚烧污染控制标准》（GB 18484）确定；对于焚烧一般固废的，参照《生活垃圾焚烧污染控制标准》（GB 18485）确定，有环境影响评价批复且目前环境监管按照环境影响评价确定的限值进行监管的，也可按照环境影响评价文件及批复要求申请许可排放浓度限值。

若执行不同许可排放浓度的多台生产设施或排放口采用混合方式排放废气，且选择的监控位置只能监测混合废气中的大气污染物浓度，则应执行各限值要求中最严格的许可排放浓度。

2. 许可排放量

年许可排放量的有效周期应以许可证核发时间起算，滚动 12 个月。许可排放量包括有组织排放和无组织排放。

有环境影响评价批复的新增污染源依据环境影响评价文件及批复确定许可排放量。环境影响评价文件及批复中无排放总量要求或排放总量要求低于按照排放标准（含特别排放限值）确定的许可排放量的，按照执行的排放标准（含特别排放限值）要求为依据，采用下列方法确定许可排放量。地方有更严格的环境管理要求的，按照地方要求进行核定。

现有污染源基于国家或地方排放标准采用下列方法确定许可排放量。地方有总量控制要求且将总量指标分配到企业的，按照从严原则确定企业许可排放量。

总量控制要求包括地方政府或环保部门发文确定的企业总量控制指标、环评文件及其批复中确定的总量控制指标、现有排污许可证中载明的总量控制指标、通过排污权有偿使用和交易确定的总量控制指标等地方政府或环保部门与排污许可证申领企业以一定形式确认的总量控制指标。

（1）废水 明确对化学需氧量、氨氮以及受纳水体环境质量超标且列入《制浆造纸工业水污染物排放标准》（GB 3544）中的其他污染因子许可年排放量。

① 单独排放。企业水污染物许可排放量依据水污染物许可排放浓度限值、单位产品基准排水量和产品产能核定，计算公式如下：

$$D = SQC \times 10^{-6}$$

式中　D——某种水污染物最大年许可排放量，t/a；

　　　S——产品年产能规模，t/a；

　　　Q——单位产品基准排水量，m^3/t 产品，造纸企业执行《制浆造纸工业水污染物排放标准》（GB 3544）的相关取值，纸制品企业单位产品基准排水量按 $1m^3/t$ 产品取值，地方排放标准中有严格要求的从其规定；

　　　C——水污染物许可排放浓度限值，mg/L。

② 混合排放。企业同时排放两种或两种以上工业废水，许可排放量可采用如下公式确定：

$$D = C \times \sum_{i}^{n} Q_i S_i$$

式中　C——废水许可排放浓度，mg/L；

　　　Q_i——不同工业污水基准排水量，m^3/t（产品）；

　　　S_i——不同产品产能，t/a。

（2）废气 明确各生产设施排气筒许可排放量，包括年许可排放量、不同级别应急预警期间日排放量等。企业废气中各污染物许可排放量为各台生产设施废气中污染物许可排放量之和。备用锅炉或其他备用炉窑不再单独许可排放量，按照企业许可排放总量管理。

对锅炉废气中烟尘、二氧化硫、氮氧化物和碱回收炉废气中氮氧化物按本规范规定年许可排放量。

对于石灰窑、焚烧炉等一般排放口，许可排放量根据实际情况填报。对于排放量较大的一般排放口，应该加强管理；地方有明确规定的，从其规定。

碱回收炉和锅炉废气中污染物许可排放量可依据许可排放浓度与基准排气量进行核定，具体公式如下。同时，具备有效在线监测数据的企业，也可以前一自然年实际排放量为依据，申请年许可排放量，其中浓度限值超标或者监测数据缺失的时段的排放量不得计算在内。

① 碱回收炉废气中污染物许可排放量依据许可排放浓度限值、单位产品基准排气量和产品产能核定，计算公式如下：

$$D = R\,Q\,C \times 10^{-9}$$

式中　D——废气污染物许可排放量，t/a；

　　　R——产品产能，t 风干浆 /a；

　　　C——废气污染物许可排放浓度限值，mg/m^3；

　　　Q——基准排气量，单位为 m^3（标）/t（浆），按附表 5-3 进行经验取值。

附表 5-3　碱回收炉基准烟气量取值表　单位：（标）m^3/t（风干浆）

碱回收炉	规模 $\times 10^4$/［t（浆）/a］	基准烟气量（干烟气）
化学木浆	≤ 50	7000
	>50	8000
化学竹浆	≤ 10	5500
	>10	6000
化学非木浆	—	6000
化学机械浆	—	1000

② 执行《锅炉大气污染物排放标准》（GB 13271）的锅炉废气污染物许可排放量依据废气污染物许可排放浓度限值、基准排气量和燃料用量核定。

燃煤或燃油锅炉废气污染物许可排放量计算公式如下：

$$D = R\,Q\,C \times 10^{-6}$$

燃气锅炉废气污染物许可排放量计算公式如下：

$$D = R\,Q\,C \times 10^{-9}$$

式中　D——废气污染物许可排放量，t/a；

　　　R——设计燃料用量，t/a 或 m^3/a；

　　　C——废气污染物许可排放浓度限值，mg/m^3；

　　　Q——基准排气量，标准状态下，m^3/kg 燃煤或标准状态下，m^3/m^3 天然气，具体取值见附表 5-4。

附表 5-4　锅炉废气基准烟气量取值表

锅炉	热值 /（MJ/kg）	基准烟气量
燃煤锅炉 /（m^3/kg 燃煤）	12.5	6.2
	21	9.9
	25	11.6

锅炉	热值 / (MJ/kg)	基准烟气量
燃油锅炉 / (m³/kg 燃煤)	38	12.2
	40	12.8
	43	13.8
燃气锅炉 / (m³/m³)	—	12.3

注：1. 燃用其他热值燃料的，可按照《动力工程师手册》进行计算。

2. 燃用生物质燃料蒸汽锅炉的基准排气量参考燃煤蒸汽锅炉确定，或参考近三年企业实测的烟气量，或近一年连续在线监测的烟气量。

3. 表中锅炉单位均在标准状态下的单位。

③ 主要排放口排放量之和。企业大气许可排放量为各主要排放口排放量之和，年许可排放量计算公式如下：

$$E_{\text{年许可}} = \sum_{i=1}^{n} M_i$$

式中　$E_{\text{年许可}}$——造纸企业年许可排放量，t；

　　　　M_i——第 i 个排放口大气污染物年许可排放量，t。

④ 混合排放

若执行不同许可排放浓度的多台设施采用混合方式排放烟气，且选择的监控位置只能监测混合烟气中的大气污染物浓度，许可排放量为各烟气量许可排放量之和。

3. 其他

新、改、扩建项目的环境影响评价文件或地方相关规定中有原辅材料、燃料等其他污染防治强制要求的，还应根据环境影响评价文件或地方相关规定，明确其他需要落实的污染防治要求。

三、可行技术

具有核发权限的环保部门，在审核排污许可申请材料时，判断企业是否具备符合规定的防治污染设施或污染物处理能力，可以参照行业可行技术，对于企业采用相关可行技术的，原则上认为具备符合规定的防治污染设施或污染物处理能力。对于未采用的，企业应当在申请时提供相关证明材料（如已有监测数据；对于国内外首次采用的污染治理技术，还应当提供中试数据等说明材料），证明具备上述相关能力。

（一）废水

废水可行技术参照环境保护部发布的 2013 年第 81 号公告发布的

《造纸行业木材制浆工艺污染防治可行技术指南（试行）》《造纸行业非木材制浆工艺污染防治可行技术指南（试行）》《造纸行业废纸制浆及造纸工艺污染防治可行技术指南（试行）》。在造纸行业可行技术指南发布后，以规范性文件要求为准。

（二）废气

1. 可行技术

锅炉、碱回收炉、石灰窑炉和焚烧炉废气污染治理可行技术详见附表 5-5。

附表 5-5　废气可行技术

污染源	污染因子	限值 / (mg/m³)	可行技术
执行《锅炉大气污染物排放标准》（GB 13271）中表1 的锅炉废气	颗粒物	80/60/30	电除尘技术；袋式除尘技术
	二氧化硫	400(550)/300/100	石灰石 / 石灰 - 石膏等湿法脱硫技术；喷雾干燥法脱硫技术；循环流化床法脱硫技术
	氮氧化物	400	—
	汞及其化合物	0.05	高效除尘脱硫综合脱除汞效率为 70%
	注：浓度限值为燃煤 / 燃油 / 燃气，括号内为广西、四川、重庆、贵州燃煤锅炉执行限值		
执行《锅炉大气污染物排放标准》（GB 13271）中表2 的锅炉废气	颗粒物	50/30/20	电除尘技术；袋式除尘技术
	二氧化硫	300/200/50	石灰石 / 石灰 - 石膏等湿法脱硫技术；喷雾干燥法脱硫技术；循环流化床法脱硫技术
	氮氧化物	300/250/200	非选择性催化还原脱硝技术
	汞及其化合物	0.05	高效除尘脱硫脱硝综合脱除汞的效率为 70%
	注：浓度限值为燃煤 / 燃油 / 燃气。		
执行《锅炉大气污染物排放标准》（GB 13271）中表3 的锅炉废气	颗粒物	30/30/20	四电场以上电除尘技术；袋式除尘技术
	二氧化硫	200/100/50	二氧化硫治理技术；石灰石 / 石灰 - 石膏等湿法脱硫技术；喷雾干燥法脱硫技术；循环流化床法脱硫技术
	氮氧化物	200/200/150	选择性催化还原脱硝技术
	汞及其化合物	0.05	高效除尘脱硫脱硝综合脱除汞的效率为 70%
碱回收炉废气	烟尘	30/50	三电场或四电场静电除尘器、布袋除尘器
	二氧化硫	200/300	不采取脱硫措施的情况下，碱回收炉废气中二氧化硫浓度可达到 70mg/m³ 以下
	氮氧化物	200/300	不采取脱硝措施的情况下，碱回收炉废气中氮氧化物浓度可达到 300mg/m³ 以下。如排放浓度小于 200mg/m³，需增加脱硝措施
	注：浓度限值为 65t/h 以上 /65t/h 及以下		

续表

污染源	污染因子	限值 / (mg/m³)	可行技术
石灰窑炉废气	烟尘	200	三电场或四电场静电除尘器
	二氧化硫	850	—
	氮氧化物		—
焚烧炉废气	烟尘	30/65	布袋除尘器
	二氧化硫	100/200	石灰石 / 石灰 - 石膏法脱硫技术；喷雾干燥法脱硫技术；循环流化床法脱硫技术
	氮氧化物	300/500	如不能稳定达标，可采用 SNCR 脱硝
	二噁英	0.1/0.5 ng TEQ/m³	活性炭吸附
注：浓度限值为《生活垃圾焚烧污染控制标准》（GB 18485），1h 均值为《危险废物焚烧污染控制标准》（GB 18484）			

2. 运行管理要求

（1）有组织

有组织排放要求主要是针对烟气处理系统的安装、运行、维护等规范和要求。

碱回收炉、石灰窑炉布袋除尘器滤袋应完整无破损。

执行《生活垃圾焚烧污染控制标准》（GB 18485）的焚烧炉废气排放控制要求应满足 GB 18485 中各项要求，包括炉膛内焚烧温度 ≥ 850℃，烟气停留时间 ≥ 2 秒，渣热灼减率 ≤ 5% 等。

执行《危险废物焚烧污染控制标准》（GB 18484）的焚烧炉废气，排放控制要求应满足 GB 18484 中各项要求，包括炉膛内温度 ≥ 1100℃，烟气停留时间 ≥ 2 秒；炉膛内渣热灼减率 ≤ 5%，燃烧效率 ≥ 99.9%，焚毁去除率 ≥ 99.99% 等。

（2）无组织

企业无组织排放节点主要包括高浓度污水处理设施、污泥间废气、制浆及碱回收工段产生的恶臭气体、储煤场、脱硝辅料区等。

对于高浓度污水处理设施、污泥间废气经密闭收集处理后通过排气筒排放。对于制浆及碱回收工段产生的不凝气、汽提气等含恶臭物质，经收集后送碱回收炉等进行焚烧处置。对于露天储煤场应配备防风抑尘网、喷淋、洒水、苫盖等抑尘措施，且防风抑尘网不得有明显破损。煤粉、石灰或石灰石粉等粉状物料须采用筒仓等全封闭料库存储。其他易起尘物料应苫盖。石灰石卸料斗和储仓上设置布袋除尘器或其他粉尘收集处理设施。氨区应设有防泄漏围堰、氨气泄漏检测设施。氨罐区应安装氨（氨水）流量计。

四、自行监测管理要求

企业制定自行监测管理要求的目的是证明排污许可证许可的产排污节点、排放口、污染治理设施及许可限值落实情况。造纸企业在申请排污许可证时，应当按照本技术规范制定自行监测方案并在排污许可证申请表中明确，造纸行业排污单位自行监测技术指南发布后，以规范性文件要求为准。以确定产排污节点、排放口、污染因子及许可限值的要求为依据，对需要综合考虑批复的环境影响评价文件等其他管理要求的，应当同步完善企业自行监测管理要求。

（一）自行监测方案

自行监测方案中应明确企业的基本情况、监测点位、监测指标、执行排放标准及其限值、监测频次、监测方法和仪器、采样方法、监测质量控制、监测点位示意图、监测结果公开时限等。对于采用自动监测的，企业应当如实填报采用自动监测的污染物指标、自动监测系统联网情况、自动监测系统的运行维护情况等；对于无自动监测的大气污染物和水污染物指标，企业应当填报开展手工监测的污染物排放口、监测点位、监测方法、监测频次；对于新增污染源，企业还应按照环境影响评价文件的要求填报周边环境质量监测（如需）方案。

（二）自行监测要求

企业可自行或委托第三方监测机构开展监测工作，并安排专人专职对监测数据进行记录、整理、统计和分析。对监测结果的真实性、准确性、完整性负责。

1. 废水

（1）监测点位设置

有元素氯漂白工序的造纸工业企业，须在元素氯漂白车间排放口或元素氯漂白车间处理设施排放口设置监测点位。有脱墨工序，且脱墨工序排放重金属的废纸造纸工业企业，须在脱墨车间排放口或脱墨车间处理设施排放口设置监测点位。所有造纸工业企业均须在企业废水外排口设置监测点位；废水间接排放，无明显外排口的，在排污单位的废水处理设施排放口位置采样。

（2）监测指标及监测频次

监测指标及频次按照附表5-6执行，地方根据规定可相应加密监测频次。对于新增污染源，周边环境影响监测点位、监测指标按照企业环境影响评价文件的要求执行。

附表 5-6 废水排放口及污染物最低监测频次

监测点位	污染物指标	监测频次[1]	备注
企业废水总排放口[2]	流量	连续监测	—
	pH 值、悬浮物、色度、化学需氧量、氨氮	日	—
	五日生化需氧量、总氮、总磷	周	水环境质量中总氮（无机氮）/总磷（活性磷酸盐）超标的流域或沿海地区，总氮/总磷最低监测频次按日执行。
	挥发酚、硫化物、溶解性总固体（全盐量）	季度	选测
元素氯漂白车间废水排放口	AOX、二噁英、流量	年	—
脱墨车间废水排放口	环境影响评价及批复或摸底监测确定的重金属污染物指标	周	若无重金属排放，则不需要开展监测

① 设区的市级及以上环保主管部门明确要求安装自动监测设备的污染物指标，须采取自动监测；其他可自行确定采用手工或自动监测手段。

② 间接排放造纸工业企业废水总排口的监测指标和监测频次根据所执行的排放标准或当地环境管理要求参照本表确定。

2. 有组织废气

根据《关于加强京津冀高架源污染物自动监控有关问题的通知》（环办环监函〔2016〕1488 号）中的相关要求，京津冀地区及传输通道城市各排放烟囱超过 45m 的高架源应安装污染源自动监控设备。

造纸企业锅炉废气按照火电行业中企业自行监测要求确定，碱回收炉、石灰窑炉排污口的监测指标及频次按照附表 5-7 执行，地方根据规定可相应加密监测频次。

附表 5-7 废气排放口污染物指标最低监测频次

污染源	监测点位	污染物指标	监测频次
碱回收炉	碱回收炉排气筒或原烟气与净烟气汇合后的混合烟道上	氮氧化物、二氧化硫	连续监测
		颗粒物、烟气黑度	季度
石灰窑	石灰窑排气筒或原烟气与净烟气汇合后的混合烟道上	颗粒物、氮氧化物、二氧化硫	季度

污染源	监测点位	污染物指标	监测频次
焚烧炉（以一般固废为燃料）	焚烧炉排气筒或原烟气与净烟气汇合后的混合烟道上	颗粒物、氮氧化物、二氧化硫、一氧化碳、氯化氢、流量、炉膛温度	连续监测
		汞及其化合物、镉和铊及其化合物、（锑、砷、铅、铬、钴、铜、锰、镍及其化合物）	月（如排放）
		二噁英	年
焚烧炉（燃料含危险废物）	焚烧炉排气筒或原烟气与净烟气汇合后的混合烟道上	颗粒物、氮氧化物、二氧化硫、流量	连续监测
		氯化氢、氟化氢、汞及其化合物、镉及其化合物、砷及其化合物、镍及其化合物、铅及其化合物、（铬、锡、锑、铜、锰及其化合物）	月（如排放）
		烟气黑度、二噁英	年

3. 无组织废气

造纸工业企业无组织排放监测点位设置、监测指标及监测频次按附表 5-8 执行。

附表 5-8　无组织废气污染物指标最低监测频次

企业类型	监测点位	监测指标	监测频次
有制浆工序的企业	厂界	臭气浓度[1]、颗粒物	月或年[2]
有生化污水处理工序	厂界	臭气浓度、硫化氢、氨	季
采用含氯漂白工艺的企业	漂白车间或二氧化氯制备车间外	氯化氢	年
有石灰窑的	厂界	颗粒物	年

① 根据环境影响评价文件及其批复，以及原料工艺等确定是否监测其他臭气污染物。

② 适用于有硫酸盐法制浆或硫酸盐法纸浆漂白工序的企业，若周边没有敏感点，可适当降低监测频次。

4. 采样和测定方法

（1）自动监测

废水自动监测参照《水污染源在线监测系统安装技术规范》（HJ/T 353）、《水污染源在线监测系统验收技术规范》（HJ/T 354）、《水污染源在线监测系统运行与考核技术规范（试行）》（HJ/T 355）执行。

废气自动监测参照《固定污染源烟气排放连续监测技术规范》（HJ/T 75）、《固定污染源排放烟气连续监测系统技术要求及检测方法》（HJ/T 76）执行。

（2）手工采样

废水手工采样方法的选择参照《水质采样技术指导》（HJ 494）、《水质采样方案设计技术规定》（HJ 495）和《地表水和污水监测技术规范（HJ/T 91）》执行。

废气手工采样方法的选择参照《固定污染源排气中颗粒物和气态污染物》（GB/T 16157）、《固定源废气监测技术规范》（HJ/T 397）执行，单次监测中，气态污染物采样，应获得小时均值浓度；颗粒物采样，至少采集三个反映监测断面颗粒物平均浓度的样品。

（3）测定方法

废气、废水污染物的测定按照相应排放标准中规定的污染物浓度测定方法标准执行，国家或地方法律法规等另有规定的，从其规定。

5. 数据记录要求

（1）监测信息记录

手工监测的记录和自动监测运维记录按照《排污单位自行监测技术指南　总则》执行。

对于无自动监测的大气污染物和水污染物指标，企业应当定期记录开展手工监测的日期、时间、污染物排放口和监测点位、监测方法、监测频次、监测方法和仪器、采样方法等，并建立台账记录报告，手工监测记录台账至少应包括附表 5-9 内容，填报方法可参照排污许可证申请表相关注释。

附表 5-9　手工监测报表

序号	污染源类别	监测日期	监测时间	排放口编号	监测内容	计量单位	监测结果	监测结果（折标）	手工监测采样方法及个数	手工测定方法	手工监测仪器型号
1	废气	20160606	10:00-10:15	DA001	SO$_2$	mg/m³	100	110	连续采样	HJ/T 57	AAA
		20160606	10:00-10:15	DA001	烟气流量	m³/h	5000	5500	—	—	—
	废水										
	其他										

注：监测内容包括：自行监测指南中确定应当开展监测的废气、废水污染因子，及其他需要监测的污染物；对于需要同步监测的烟气参数（排气量、温度、压力、湿度、氧含量等）、废水排放量等，要同步记录。

（2）生产和污染治理设施运行状况信息记录

监测期间应详细记录企业以下生产及污染治理设施运行状况，日常生产中也应参照以下内容记录相关信息，并整理成台账保存备查。

① 制浆造纸生产运行状况记录

分生产线记录每日的原辅料用量及产量：取水量（新鲜水），主要原辅料（木材、竹、芦苇、蔗渣、稻麦草等植物、废纸等）使用量，商品浆和纸板及机制纸产量等；

化学浆生产线还需要记录粗浆得率、细浆得率、碱回收率、黑液提取率等；

半化学浆、化机浆生产线还需要记录纸浆得率等。

② 碱回收工艺运行状况记录

按生产周期记录石灰窑原料使用量、石灰窑产品产量、总固形物处理量、燃料消耗量、燃料含硫量等。

③ 污水处理运行状况记录

按日记录污水处理量、污水回用量、白水回用率、污水排放量、污泥产生量（记录含水率）、进水浓度、排水浓度、污水处理使用的药剂名称及用量。

6. 监测质量保证与质量控制

按照《排污单位自行监测技术指南　总则》要求，企业应当根据自行监测方案及开展状况，梳理全过程监测质控要求，建立自行监测质量保证与质量控制体系。

污染物样品采集、保存、现场测试及实验室分析、监测质量保证与质量控制、监测数据整理及处理等应符合 GB/T 27025、HJ/T 91、HJ/T 355、HJ/T 356、HJ/T 373、HJ/T 397、HJ 494、HJ 495 等相关规定。

7. 其他要求

现有造纸企业结合原辅料、生产工艺以及自行监测确定企业排放的其他污染物指标也可纳入监测指标范围，并参照前述要求确定监测频次。

新改扩建项目的自行监测要求需同时满足环境影响评价报告书（表）及其批复要求。地方有更严格环境管理要求的，从其规定。

五、环境管理台账记录与执行报告编制规范

企业开展环境管理台账记录、编制执行报告目的是自我证明企业的持证排放情况。《环境管理台账及排污许可证执行报告技术规范》及相关技术规范性文件发布后，企业环境管理台账记录要求及执行报告编制规范以规范性文件要求为准。

（一）环境管理台账记录要求

造纸企业应按照"规范、真实、全面、细致"的原则，依据本技术规范要求，在排污许可证管理信息平台申报系统进行填报；有核发权的地方环境管理部门补充制定相关技术规范中要求增加的，在本技术规范基础上进行补充；企业还可根据自行监测管理要求补充填报其他内容。企业应建立环境管理台账制度，设置专职人员进行台账的记录、整理、维护和管理，并对台账记录结果的真实性、准确性、完整性负责。

为实现台账便于携带、作为许可证执行情况佐证并长时间储存的目的以及导出原始数据，加工分析、综合判断运行情况的功能，台账应当按照电子化储存和纸质储存两种形式同步管理。台账保存三年以上备查。

排污许可证台账应按生产设施进行填报，内容主要包括基本信息、污染治理措施运行管理信息、监测记录信息、其他环境管理信息等内容，记录频次和记录内容要满足排污许可证的各项环境管理要求。其中，基本信息主要包括企业、生产设施、治理设施的名称、工艺等排污许可证规定的各项排污单位基本信息的实际情况及与污染物排放相关的主要运行参数；污染治理设施台账主要包括污染物排放自行监测数据记录要求以及污染治理设施运行管理信息。监测记录信息按照自行监测管理要求实施。

污染治理措施运行管理信息应当包括设备运行校验关键参数，能充分反映生产设施及治理设施运行管理情况。

（1）污染治理设施运行管理信息

环保设施台账应包括所有环保设施的运行参数及排放情况等，废水治理设施包括废水处理能力（t/d）、进水水质（各因子浓度和水量等）、运行参数（包括运行工况等）、污泥运行费用（元/t）。焚烧炉应记录入炉固体废物、性质、数量、设施运行参数等。

（2）其他相关信息

年生产时间（分正常工况和非正常工况，h）、生产负荷、燃料（柴油、重油、天然气等）消耗量、主要产品产量（t）等。

（二）执行报告编制规范

地方环境管理部门应当整合总量控制、排污收费、环境统计等各项环境管理的数据上报要求，可以参照本技术规范，在排污许可证中根据各项环境管理要求，确定执行报告的内容与频次。造纸企业应按照许可证中规定的内容和频次定期上报。

1. 报告频次

造纸企业应至少每年上报一次许可证年度执行报告，对于持证时间不足三个月的，当年可不上报年度执行报告，许可证执行情况纳入下一年年度执行报告；每月或每季度向环境保护主管部门上报化学需氧量、氨氮、二氧化硫、氮氧化物等主要污染物的实际排放量。

2. 年度执行报告提纲

造纸企业应根据许可证要求时间提交执行报告，根据环境管理台账记录等归纳总结报告期内排污许可证执行情况，自行或委托第三方按照执行报告提纲编写年度执行报告，保证执行报告的规范性和真实性，并连同环保管理台账一并提交至发证机关。负责工程师发生变化时，应当在年度执行报告中及时报告。执行报告提纲具体内容如下：

（1）基本生产信息。

基本生产信息包括排污单位名称、所属行业、许可证编号、组织机构代码、营业执照注册号、投产时间、环保设施运行时间等内容，结合环境管理台账内容，总结概述许可证报告期内企业规模、原辅料、产品、产量、设备等基本信息，并分析与许可证载明事项及上年同比变化情况；对于报告周期内有污染治理投资的，还应包括治理类型、开工年月、建成投产年月、计划总投资、报告周期内累计完成投资等信息。企业基本生产信息至少应包括"四、自行监测管理要求"中数据记录要求的各项内容。

（2）遵守法律法规情况。

说明企业在许可证执行过程中遵守法律法规情况；配合环境保护行政主管部门和其他有环境监督管理权的工作人员职务行为情况；自觉遵守环境行政命令和环境行政决定情况；公众举报、投诉情况及具体环境行政处罚等行政决定执行情况。

（3）污染防治措施运行情况。

污染物来源及处理说明。根据环境管理台账，总结各污染源污染物产生情况、治理措施及效果；说明排水去向及受纳水体、排入的污水处理厂名称等，分析与许可证载明事项变化情况。污染防治措施运行情况至少应包括"四、自行监测管理要求"中数据记录要求的各项内容，以及废气、废水治理设施运行费用等。

污染防治设施异常情况说明。企业拆除、闲置停运污染防治设施，需说明原因、递交书面报告、收到回复及实施拆除、闲置停运的起止日期及相关情况；因故障等紧急情况停运污染防治设施，或污染防治设施运行异常的，企业应说明原因、废水废气等污染物排放情况、报告递交情况及采取的应急措施。

如有发生污染事故，企业需要说明在污染事故发生时采取的措施、污染物排放情况及对周边环境造成的影响。

（4）自行监测情况。

自动监测情况应当说明监测点位、监测指标、监测频次、监测方法和仪器、采样方法、监测质量控制、自动监测系统联网、自动监测系统的运行维护及监测结果公开情况等，并建立台账记录报告。

对于无自动监测的大气污染物和水污染物指标，企业应当按照自行监测数据记录总结说明企业开展手工监测的情况。至少应当包括附表 5-10 的总结说明。

附表 5-10　实际排放量报表

排放口名称	排放口编码	污染物	年许可排放量/t	报告期实际排放量/t	报告期（月/季度/年）
		SO_2			
		NO_x			
		烟尘			
		…			
全厂					

分析与排污许可证规定的自行监测方案变化情况及是否满足排污许可证要求。

（5）台账管理情况。企业应说明按总量控制、排污收费、环境保护税等各项环境管理要求统计基本信息、污染治理措施运行管理信息、其他环境管理信息等情况；说明记录、保存监测数据的情况；说明生产运行台账是否满足接受各级环境保护主管部门检查要求。

（6）实际排放情况及达标判定分析。根据企业自行监测数据记录及环境管理台账的相关数据信息，概述企业各项污染源、各项污染物的排放情况，分析全年、特殊时段、启停机时段许可浓度限值及许可排放量的达标情况。实际排放量和达标排放判定方法详见本规范第六和第七部分。实际排放量报表可参照附表 5-10 填报，对于超标时段还应填报附

表 5-11 内容。

附表 5-11　污染物超标时段自动监测小时均值报表

日期	时间	排放口编码	超标污染物种类	排放浓度（折标）mg/m³/mg/L	超标原因说明（启动、故障等）

（7）排污费（环境保护税）缴纳情况。企业说明根据相关环境法律法规，按照排放污染物的种类、浓度、数量等缴纳排污费（环境保护税）的情况。如遇有不可抗力自然灾害和其他突发事件申请减免或缓缴，企业需说明书面申请及批复情况。

（8）信息公开情况。企业说明依据排污许可证规定的环境信息公开要求，开展信息公开的情况。

（9）企业内部环境管理体系建设与运行情况。说明企业内部环境管理体系的设置、人员保障、设施配备、企业环境保护规划、相关规章制度的建设和实施情况、相关责任的落实情况等。

（10）其他排污许可证规定的内容执行情况。

（11）其他需要说明的问题。

3. 半年及月报规范

企业每月或每季度应至少向环境保护主管部门上报全年报告中的第（6）部分中的"实际排放量报表"、达标判定分析说明及第（4）部分中"治污设施异常情况汇总表"。半年报告应至少向环境保护主管部门上报全年报告中的第（1）、第（3）至第（6）部分。

六、达标排放判定方法

对于实施排污许可管理的企业，达标判定是指各项污染物是否达到许可限值的各项规定，主要包括许可排放量和许可排放浓度判定。其中各项污染物许可排放量达标，是指根据本技术规范第七部分计算的全厂实际排放总量不超过相应污染物的许可排放量。许可浓度限值判定方法具体如下。

（一）废水

造纸企业各废水排放口污染物的排放浓度达标是指任一有效日均值均满足许可排放浓度要求。各项废水污染物有效日均值采用自动监测、执法监测、企业自行开展的手工监测三种方法分类进行确定。

1. 自动监测

按照监测规范要求获取的自动监测数据计算得到有效日均浓度值与许可排放浓度限值进行对比，超过许可排放浓度限值的，即视为超标。

对于自动监测，有效日均浓度是对应于以每日为一个监测周期内获得的某个污染物的多个有效监测数据的平均值。在同时监测污水排放流量的情况下，有效日均值是以流量为权的某个污染物的有效监测数据的加权平均值；在未监测污水排放流量的情况下，有效日均值是某个污染物的有效监测数据的算术平均值。

自动监测的有效日均浓度应根据《水污染源在线监测系统数据有效性判别技术规范（试行）》（HJ/T 356）、《水污染源在线监测系统运行与考核技术规范（试行）》（HJ/T 355）等相关文件确定。技术规范修订后，按其最新修订版执行，下同。

2. 执法监测

按照监测规范要求获取的执法监测数据超标的，即视为超标。根据《地表水和污水监测技术规范》（HJ/T 91）确定监测要求。

若同一时段的现场监测数据与在线监测数据不一致，现场监测数据符合法定的监测标准和监测方法的，以该现场监测数据作为优先证据使用。

3. 手工自行监测

按照自行监测方案、监测规范要求开展的手工监测，当日各次监测数据平均值（或当日混合样监测数据）超标的，即视为超标。超标判定原则同执法监测。

（二）废气

1. 一般情况

造纸企业各废气排放口污染物的排放浓度达标是指"任一小时浓度均值均满足许可排放浓度要求"。各项废气污染物小时浓度均值根据自动监测数据和手工监测数据确定。

自动监测小时均值是指"整点 1h 内不少于 45min 的有效数据的算术平均值"。按照《固定污染源排气中颗粒物测定与气态污染物采样方法》（GB/T 16157）和《固定源废气监测技术规范》（HJ/T 397）中的相关规定，手工监测小时均值是指"1h 内等时间间隔采样 3～4 个样品监测结果的算数平均值"。

对于造纸企业的污染因子，按照剔除异常值的自动监测数据、执法监测数据及企业自行开展的手工监测数据作为达标判定依据。若同一时段的手工监测数据与自动监测数据不一致，手工监测数据符合法定的监测标准和监测方法的，以手工监测数据作为优先达标判定依据。由于自动监控系统故障等原因导致自动监测数据缺失的，连续缺失时段在 24h 以内的应当参照《固定污染源烟气排放连续监测技术规范》（HJ/T 75）进行补遗，超过 24h 的，超过时段按照缺失前 720 有效小时均值中最大小时均值进行补遗。

对于未要求采用自动监测的排放口或污染物，应以手工监测为准，同一时段有执法监测的，以执法监测为准。

2. 特殊情况

启动和停机时段内的排放数据可不作为废气达标判定依据，其中碱回收炉冷启动不超过 8h，不冲洗炉膛直接启动不超过 5h，停炉时间不超过 4h；石灰窑炉冷启动不超过 24h、热启动不超过 6h；焚烧炉冷启动时间不超过 4h，热启动时间不超过 2h，停炉时间不超过 1h，每年启动、停炉（含故障）时间累积不超过 60h；燃煤蒸汽锅炉如采用干（半干）法脱硫、脱硝措施，冷启动不超过 1h、热启动不超过 0.5h，不作为二氧化硫和氮氧化物达标判定的时段。

若多台设施采用混合方式排放烟气，且其中一台处于启停时段，企业可自行提供烟气混合前各台设施有效监测数据的，按照企业提供数据进行达标判定。

七、实际排放量核算方法

造纸企业污染物排放总量达标是指有许可排放量要求的主要排放口的主要污染物实际排放量之和满足主要排放口年许可排放量要求。对于特殊时期短时间内有许可排放量要求的企业，主要排放口实际排放量之和不得超过特殊时期许可排放量。

对于主要排放口之外的实际排放量算法，按照优先原则，由企业自行申报，地方另有规定的从其规定。

造纸企业污染物实际排放量为正常和非正常排放量之和，主要污染物实际排放量核算方法包括实测法、物料衡算法、产排污系数法等。

应当采用自动监测的排放口和污染因子，根据符合监测规范的有效自动监测数据采用实测法核算实际排放量。同时根据执法监测、企业自行开展的手工监测数据进行校核，若同一时段的手工监测数据与自动监测数据不一致，手工监测数据符合法定的监测标准和监测方法的，以手工监测数据为准。

应当采用自动监测而未采用的排放口或污染因子，采用物料衡算法或产排污系数法按照直排核算实际排放量。

未要求采用自动监测的排放口或污染因子，按照优先顺序依次选取自动监测数据、手工和执法监测数据、产排污系数法进行核算。在采用手工和执法监测数据进行核算时，还应以产排污系数进行校核；若同一时段的手工监测数据与执法监测数据不一致，以执法监测数据为准。监测数据应符合国家有关环境监测、计量认证规定和技术规范。

（一）废水核算方法

1. 实测法

实测法适用于有连续在线监测数据或手工采样监测数据的企业。

① 采用连续在线监测数据核算

污染源自动监测符合 HJ/T 353 要求并获得有效连续在线监测数据的，可以采用在线监测数据核算污染物排放量。在连续在线监测数据由于某种原因出现中断或其他情况，可根据 HJ/T 356 等予以补遗修约，仍无法核算出全年排放量时，可结合手工监测数据共同核算。

② 采用手工监测数据核算

未安装在线监测系统或无有效在线监测数据时，可采用手工监测数据进行核算。手工监测数据包括核算时间内的所有执法监测数据和企业自行或委托第三方的有效手工监测数据，企业自行或委托的手工监测频次、监测期间生产工况、数据有效性等须符合相关规范、环评文件等要求。

2. 产排污系数法

根据产污系数与产品产量核算污染物产生量，再根据产生量与污染治理措施去除效果核算污染物排放量，产污系数可以参考《产排污系数手册》。

3. 非正常情况污染物排放量核算

废水处理设施非正常情况下的排水，如无法满足排放标准要求时，不应直接排入外环境，待废水处理设施恢复正常运行后方可排放。如因特殊原因造成污染治理设施未正常运行超标排放污染物的或偷排偷放污染物的，按产污系数与未正常运行时段（或偷排偷放时段）的累计排水量核算实际排放量。

（二）废气核算方法

1. 实测法

实测法是通过实际废气排放量及其所对应污染物排放浓度核算污染物排放量，适用于有连续在线监测数据或手工采样监测数据的现有污染源。

① 采用连续在线监测数据核算

污染源自动监测符合 HJ/T 75 要求并获得有效连续在线监测数据的，可以采用在线监测数据核算污染物排放量。

② 用手工采样监测数据核算

连续在线监测数据由于某种原因出现中断或其他情况无有效在线监测数据的，或未安装在线监测系统的，可采用手工监测数据进行核算。手工监测数据频次、监测期间生产工况、有效性等须符合相关规范、环评文件等要求。

2. 产排污系数法

碱回收炉未安装脱硝措施时，废气中氮氧化物实际排放量为产生量，产污系数可参考附表 5-12；安装脱硝措施时，氮氧化物实际排放量应当在产污系数基础上考虑处理效率。

附表 5-12　碱回收炉废气中氮氧化物产污系数表

产品名称	燃料名称	工艺名称	规模等级	产污系数 /kg/t（浆）
化学木（竹）浆	固形物	碱回收炉	$<50 \times 10^4$t（浆）/a	1.2 ～ 3.0
			$\geq 50 \times 10^4$t（浆）/a	0.8 ～ 2.7
化学非木浆	固形物	碱回收炉	所有规模	1.0 ～ 3.0
化学机械浆	固形物	碱回收炉	所有规模	0.1 ～ 0.36

3. 非正常排放量

碱回收炉启动等非正常期间污染物排放量可采用实测法或产排污系数法核定。

制浆造纸行业清洁生产评价指标体系

（试行）

1 适用范围

本指标体系规定了制浆造纸企业清洁生产的一般要求。本指标体系将清洁生产指标分为六类，即生产工艺及设备要求、资源和能源消耗指标、资源综合利用指标、污染物产生指标、产品特征指标和清洁生产管理指标。

本指标体系适用于制浆造纸企业的清洁生产评价工作。

本指标体系不适用本体系中未涉及的纸浆、纸及纸板的清洁生产评价。

2 规范性引用文件

本指标体系内容引用了下列文件中的条款。凡不注明日期的引用文件，其有效版本适用于指标体系。

GB 11914   水质 化学耗氧量的测定 重铬酸盐法

GB 17167   企业能源计量器具配备和管理导则

GB 18597   危险废物贮存污染控制标准

GB 18599   一般工业固体废物贮存、处置场污染控制标准

GB 24789   用水单位水计量器具配备和管理通则

GB/T 15959   水质 可吸附有机卤素（AOX）的测定 微库仑法

GB/T 18820   工业企业产品取水定额编制通则

GB/T 24001   环境管理体系要求及使用指南

GB/T 27713   非木浆碱回收燃烧系统能量平衡及能量效率计算方法

HJ 617   企业环境报告书编制导则

HJ/T 205　环境标志产品技术要求　再生纸制品

HJ/T 410　环境标志产品技术要求　复印纸

QB 1022　制浆造纸企业综合能耗计算细则

《危险化学品安全管理条例》（中华人民共和国国务院令　第 591 号）

《环境信息公开办法（试行）》（国家环境保护总局令　第 35 号）

《排污口规范化整治技术要求（试行）》（国家环保局环监〔1996〕470 号）

《清洁生产评价指标体系编制通则》（试行稿）（国家发展改革委、环境保护部、工业和信息化部 2013 年第 33 号公告）

3　术语和定义

GB/T 18820、HJ/T 205、HJ/T 410、《清洁生产评价指标体系编制通则》（试行稿）所确立的以及下列术语和定义适用于本指标体系。

3.1　清洁生产

不断采取改进设计、使用清洁的能源和原料、采用先进的工艺技术与设备、改善管理、综合利用等措施，从源头削减污染，提高资源利用效率，减少或者避免生产、服务和产品使用过程中污染物的产生和排放，以减轻或者消除对人类健康和环境的危害。

3.2　清洁生产评价指标体系

由相互联系、相对独立、互相补充的系列清洁生产水平评价指标所组成的，用于评价清洁生产水平的指标集合。

3.3　污染物产生指标（末端处理前）

即产污系数，指单位产品的生产（或加工）过程中，产生污染物的量（末端处理前）。本指标体系主要是水污染物产生指标。水污染物产生指标包括污水处理装置入口的污水量和污染物种类、单排量或浓度。

3.4　指标基准值

为评价清洁生产水平所确定的指标对照值。

3.5　指标权重

衡量各评价指标在清洁生产评价指标体系中的重要程度。

3.6　指标分级

根据现实需要，对清洁生产评价指标所划分的级别。

3.7　清洁生产综合评价指数

根据一定的方法和步骤，对清洁生产评价指标进行综合计算得到的数值。

3.8　碱回收率

指经碱回收系统所回收的碱量（不包括由于芒硝还原所得的碱量）占同一计量时间内制浆过程所用总碱量（包括漂白工序之前所有生产过程的耗碱总量，但不包括漂白工序消耗的碱量）的质量百分比。

3.9　水重复利用率

指在一定的计量时间内，生产过程中使用的重复利用水量（包括循环利用的水量和直接或经处理后回收再利用的水量）与总用水量之比。

3.10　黑液提取率

指在一定计量时间内洗涤过程所提取黑液中的溶解性固形物占同一计量时间内制浆（指漂白之前的所有工艺）生产过程所产生的全部溶解性固形物的质量百分比。

4　评价指标体系

4.1　指标选取说明

本评价指标体系根据清洁生产的原则要求和指标的可度量性，进行指标选取。根据评价指标的性质，可分为定量指标和定性指标两种。

定量指标选取了有代表性的、能反映"节能"、"降耗"、"减污"和"增效"等有关清洁生产最终目标的指标，综合考评企业实施清洁生产的状况和企业清洁生产程度。定性指标根据国家有关推行清洁生产的产业发展和技术进步政策、资源环境保护政策规定以及行业发展规划选取，用于考核企业对有关政策法规的符合性及其清洁生产工作实施情况。

4.2　指标基准值及其说明

在定量评价指标中，各指标的评价基准值是衡量该项指标是否符合清洁生产基本要求的评价基准。本评价指标体系确定各定量评价指标的评价基准值的依据是：凡国家或行业在有关政策、法规及相关规定中，对该项指标已有明确要求的，执行国家要求的指标值；凡国家或行业对该项指标尚无明确要求的，则选用国内重点大中型制浆造纸企业近年来清洁生产所实际达到的中上等以上水平的指标值。在定性评价指标体系中，衡量该项指标是否贯彻执行国家有关政策、法规的情况，按"是"或"否"两种选择来评定。

4.3　指标体系

不同类型制浆造纸企业清洁生产评价指标体系的各评价指标、评价基准值和权重值见附表 6-1 ～附表 6-13。

附表 6-1 漂白硫酸盐木（竹）浆评价指标项目、权重及基准值

序号	一级指标	一级指标权重	二级指标	单位	浆种	二级指标权重	I级基准值	II级基准值	III级基准值
1	生产工艺及设备要求	0.3	原料			0.05	符合国家有关森林管理的规定（竹片）	符合国家有关森林管理的规定及林纸一体化相关规定采购的木片（竹片）	符合国家有关森林管理的规定及林纸一体化相关规定采购的木片
2			备料			0.15	干法剥皮，冲洗水循环利用或直接采购木片（竹片）	干法剥皮，冲洗水循环利用或直接采购木片（竹片）	干法剥皮，冲洗水循环利用或直接采购木片（竹片）
3			蒸煮工艺			0.2	低能耗连续或间歇蒸煮，氧脱木素	低能耗连续或间歇蒸煮，氧脱	低能耗连续或间歇蒸煮
4			洗涤工艺			0.15	多段逆流洗涤	多段逆流洗涤	
5			筛选工艺			0.15	全封闭压力筛选	全封闭压力筛选	压力筛选
6			漂白工艺			0.2	TCF[d]或ECF[e]漂白	ECF[e]漂白	
7			碱回收工艺			0.1	有污冷凝水汽提、臭气收集和热电联产，焚烧、副产品回收	有污冷凝水汽提、臭气收集和热电联产	碱回收设施配套齐全，运行正常
8	资源和能源消耗指标	0.2	*单位产品取水量	m^3/Adt^a	木浆	0.5	33	38	60
					竹浆		38	43	65
9			*单位产品综合能耗（外购能源）	$kgce^c/Adt$	木浆	0.5	160	330	420
					竹浆[b]		280	380	550
10	资源综合利用指标	0.2	*黑液提取率	%	木浆	0.1	99	97	96
					竹浆		98	95	93
11			*碱回收率	%	木浆	0.26	98	96	94
					竹浆		96	94	93
12			*碱炉热效率	%	木浆	0.23	72	70	68
					竹浆		66	62	58

续表

序号	一级指标	一级指标权重	二级指标		单位	二级指标权重	Ⅰ级基准值	Ⅱ级基准值	Ⅲ级基准值
13	资源综合利用指标	0.2	白泥综合利用率	*木浆	%	0.1	98	95	92
				竹浆			60	40	20
14			水重复利用率		%	0.17	90	85	80
15			锅炉灰渣综合利用率		%	0.07	100	100	100
16			备料渣（指木屑、竹屑等）综合利用率		%	0.07	100	100	100
17	污染物产生指标	0.15	*单位产品废水产生量	木浆	m³/Adt	0.47	28	32	50
				竹浆			32	36	55
18			*单位产品 COD_{Cr} 产生量	木浆	kg/Adt	0.33	30	37	42
				竹浆			38	45	55
19			可吸附有机卤素（AOX）产生量	木浆	kg/Adt	0.2	0.2	0.35	0.6
				竹浆			0.3	0.45	0.6
20	清洁生产管理指标	0.15	参见表 7[f]						

a. Adt 表示 t（风干浆），下同。

b. 竹浆综合能耗（外购能源）不包括石灰窑所用能源。

c. kgce 表示 kg（标煤），下同。

d. TCF：全无氯漂白。

e. ECF：无元素氯漂白。

f. 附表 6-7 计算结果为本表的一部分，计算方法与本表其他指标相同。

注：1. 带 * 的指标为限定性指标。

2. 化学品制备只包括二氧化氯、二氧化硫和氧气的制备。

附表 6-2　本色硫酸盐木（竹）浆评价指标项目、权重及基准值

序号	一级指标	一级指标权重	二级指标		单位	二级指标权重	I级基准值	II级基准值	III级基准值
1	生产工艺及设备要求	0.3	原料			0.1	符合国家有关森林管理的规定及林纸一体化相关规定的木片（竹片）		
2			备料			0.1	干法剥皮、冲洗水循环利用或直接采购木片（竹片）		
3			蒸煮工艺			0.15	低能耗连续或间歇蒸煮		
4			洗涤工艺			0.2	多段逆流洗涤		
5			筛选工艺			0.2	全封闭压力筛选	压力筛选	改进传统的筛选
6			碱回收工艺			0.25	有污冷凝水汽提、副产品回收	臭气收集和焚烧、热电联产	碱回收设施配套齐全、运行正常
7	资源和能源消耗指标	0.2	*单位产品取水量	木浆	m³/Adt	0.5	20	25	50
				竹浆			23	30	50
8			*单位产品综合能耗（外购能源）	木浆	kgce/Adt	0.5	110	200	300
				竹浆			200	250	350
9	资源综合利用指标	0.2	*黑液提取率	木浆	%	0.1	99	98	96
				竹浆			98	95	93
10			*碱回收率	木浆	%	0.26	97	95	92
				竹浆			95	92	90
11			*碱炉热效率	木浆	%	0.23	70	68	66
				竹浆			64	60	56
12			白泥综合利用率	*木浆	%	0.1	98	90	85
				竹浆			60	40	20
13			水重复利用率		%	0.17	90	85	80
14			锅炉灰渣综合利用率		%	0.07	100	100	100
15			备料渣（指木屑、竹屑等）综合利用率		%	0.07	100	100	100
16	污染物产生指标	0.15	*单位产品废水产生量	木浆	m³/Adt	0.67	16	20	42
				竹浆			18	25	42

续表

序号	一级指标	一级指标权重	二级指标		单位	二级指标权重	I级基准值	II级基准值	III级基准值
17	污染物产生指标	0.15	*单位产品 COD_Cr 产生量	木浆	kg/Adt	0.33	10	18	32
				竹浆			18	25	37
18	清洁生产管理指标	0.15					参见表 7[a]		

a. 附表 6-7 计算结果为本表的一部分，计算方法与本表其他相同。

注：带 * 的指标为限定性指标。

附表 6-3　化学机械木浆评价指标项目、权重及基准值

序号	一级指标	一级指标权重	二级指标		单位	二级指标权重	I级基准值	II级基准值	III级基准值
								碱性浸渍	高浓磨浆机
1	生产工艺及装备指标	0.3	化学预浸渍			0.5			
			磨浆			0.5			
2	资源和能源消耗指标	0.2	*单位产品取水量	APMP[a]	m³/Adt	0.5	13	20	38
				BCTMP[b]			13	20	38
3			*单位产品综合能耗（自用浆）		kgce/Adt	0.5	250	300	350
4			水重复利用率		%	0.5	90	85	80
5	资源综合利用指标	0.2	锅炉灰渣综合利用率		%	0.25	100	100	100
6			备料渣（指木屑等）综合利用率		%	0.25	100	100	100
7	污染物产生指标	0.15	*单位产品废水产生量	APMP	m³/Adt	0.6	10	15	32
				BCTMP			10	15	32
8			*单位产品 COD_Cr 产生量	APMP	kg/Adt	0.4	110	130	190
				BCTMP			90	120	190
9	清洁生产管理指标	0.15					参见表 7[c]		

a. APMP：碱性过氧化氢机械浆。

b. BCTMP：漂白化学热磨机械浆。

c. 附表 6-7 计算结果为本表的一部分，计算方法与本表其他指标相同。

注：带 * 的指标为限定性指标。

附表 6-4　漂白化学非木浆评价指标项目、权重及基准值

序号	一级指标	一级指标权重	二级指标	浆种	单位	二级指标权重	I级基准值	II级基准值	III级基准值
1	生产工艺及设备要求	0.3	备料	麦草浆		0.1	干湿法或干法备料，洗涤水循环利用		
				蔗渣浆、苇浆			除髓蔗渣/湿法堆存、干湿法苇浆备料		
2			蒸煮工艺	麦草浆		0.1	低能耗连续或间歇蒸煮		
				蔗渣浆、苇浆			低能耗连续或间歇蒸煮		
3			洗涤工艺	麦草浆		0.1	多段逆流洗涤		
				蔗渣浆、苇浆					
4			筛选工艺	麦草浆		0.15	全封闭压力筛选	压力筛选	压力筛选
				蔗渣浆、苇浆					
5			漂白工艺	麦草浆		0.2	ECF 或 TCF	ClO₂ 或 H₂O₂替代部分元素氯漂白，ECF	ClO₂替代部分元素氯漂白，氧脱木素
				蔗渣浆、苇浆					
6			碱回收工艺			0.25	碱回收设施齐全，有污冷凝水汽提、副产品回收		碱回收设施齐全，运行正常
7			能源回收设施			0.1	有热电联产设施		
8	资源和能源消耗指标	0.2	*单位产品取水量	麦草浆	m³/Adt	0.5	80	100	110
				蔗渣浆、苇浆			80	90	100
9			*单位产品综合能耗（外购能源）	麦草浆（自用浆）	kgce/Adt	0.5	420	460	550
				蔗渣浆、苇浆（自用浆）			400	440	500
10	资源综合利用指标	0.2	*黑液提取率	麦草浆	%	0.17	88	85	80
				苇浆			92	90	88
				蔗渣浆			90	88	86
11			*碱回收率	麦草浆	%	0.29	80	75	70
				蔗渣浆、苇浆			85	80	75

序号	一级指标	一级指标权重	二级指标		单位	二级指标权重	I级基准值	II级基准值	III级基准值
12	资源综合利用指标	0.2	*碱炉热效率率		%	0.23	65	60	55
13			水重复利用率		%	0.17	85	80	75
14			锅炉灰渣综合利用率		%	0.06	100	100	100
15			*白泥残碱率（以Na₂O计）		%	0.08	1.0	1.2	1.5
16	污染物产生指标	0.15	*单位产品废水产生量	麦草浆	m³/Adt	0.47	60	85	90
				苇浆			60	75	85
				蔗渣浆			70	75	85
17			*单位产品CODcr产生量ª	麦草浆 烧碱法	kg/Adt	0.33	150	200	230
				硫酸盐法			110	165	230
				蔗渣浆、苇浆			125	175	230
18			可吸附有机卤素（AOX）产生量		kg/Adt	0.2	0.4	0.6	0.9
19	清洁生产管理指标	0.15						参见表7ᵇ	

a. CODcr不包括湿法备料洗涤产生的废水。

b. 附表6-7计算结果为本表的一部分，计算方法与本表其他指标相同。

注：1. 其他草浆产品指标同麦草浆指标相同。

2. 带*的指标为限定性指标。

附表6-5 非木半化学草浆评价指标项目、权重及基准值

序号	一级指标	一级指标权重	二级指标	单位	二级指标权重	I级基准值	II级基准值	III级基准值
1	生产工艺及设备要求	0.3	备料	稻麦草浆、蔗渣浆、苇浆、棉秆浆	0.25	干湿法或干法备料		洗涤水循环利用
2			蒸煮工艺	稻麦草浆、蔗渣浆、苇浆、棉秆浆	0.25		低能耗连续蒸煮	蒸煮
3			洗涤工艺	稻麦草浆、蔗渣浆、苇浆、棉秆浆	0.25	全封闭压力	多段逆流洗涤	
4			筛选工艺	稻麦草浆、蔗渣浆、苇浆、棉秆浆	0.25	力筛选		压力筛选

续表

序号	一级指标	一级指标权重	二级指标		单位	二级指标权重	I级基准值	II级基准值	III级基准值
5	资源和能源消耗指标	0.25	*单位产品取水量	碱法制浆	m³/Adt	0.5	60	70	80
				亚铵法制浆			45	55	70
6			*单位产品综合能耗（自用浆，外购能源）		kgce/Adt	0.5	300	350	420
7	资源综合利用指标	0.15	锅炉灰渣综合利用率		%	0.4	100	100	100
8			水重复利用率		%	0.6	85	75	70
9	污染物产生指标	0.15	*单位产品废水产生量	碱法制浆	m³/Adt	0.6	50	60	65
				亚铵法制浆			40	50	60
10			*单位产品COD_{Cr}产生量[a]	碱法制浆	kg/Adt	0.4	250	300	350
				亚铵法制浆			60	80	110
11	清洁生产管理指标	0.15					参见表7[b]		

a. COD_{Cr}产生量不包括备料湿法备料洗涤产生的废水。

b. 附表6-7计算结果为本表的一部分，计算方法与本表其他指标相同。

注：带*的指标为限定性指标。

附表 6-6　废纸浆评价指标项目、权重及基准值

序号	一级指标	一级指标权重	二级指标		单位	二级指标权重	I级基准值	II级基准值	III级基准值
1	生产工艺及设备要求	0.3	碎浆	脱墨废纸浆		0.25	碎浆浓度>15%	碎浆浓度>8%	碎浆浓度>4%
				非脱墨废纸浆			碎浆浓度>8%	碎浆浓度>4%	碎浆浓度>4%
2			筛选			0.25	压力筛选		
3			浮选			0.25	封闭式脱墨设备	开放式脱墨设备	
4			漂白			0.25	过氧化氢漂白、还原漂白	漂白（不使用氯元素漂白剂）	

续表

序号	一级指标	一级指标权重	二级指标		单位	二级指标权重	I级基准值	II级基准值	III级基准值
5	资源和能源消耗指标	0.3	*单位产品取水量	脱墨废纸浆	m³/Adt	0.5	7	11	30
				非脱墨废纸浆			5	9	20
6			*单位产品综合能耗	脱墨废纸浆 废旧新闻纸	kgce/Adt	0.5	65	90	120
				其他废纸			140	175	210
				非脱墨废纸浆			45	60	85
7	资源综合利用指标	0.1	水重复利用率	脱墨废纸浆	%	1	90	85	80
				非脱墨废纸浆			95	90	85
8	污染物产生指标	0.15	*单位产品废水产生量	脱墨废纸浆	m³/Adt	0.6	5	8	25
				非脱墨废纸浆			3	6	15
9			*单位产品COD$_{Cr}$产生量	脱墨废纸浆	kg/Adt	0.4	22	35	40
				非脱墨废纸浆			10	20	25
10	清洁生产管理指标	0.15	参见表 7[a]						

a. 附表 6-7 计算结果为本表的一部分,计算方法与本表其他指标相同。

注: 1. 带 * 的指标为限定性指标。

2. 废纸浆指以废纸为原料,经过碎浆处理,必要时进行脱墨、漂白等工序制成纸浆的生产过程。

3. 非脱墨废纸浆增加一级热分散增耗 25kgce/Adt(按纤维长短纤维各维 50% 计)。

附表 6-7　制浆企业清洁生产管理指标项目基准值

序号	一级指标	二级指标	指标分值	I级基准值	II级基准值	III级基准值
1	清洁生产管理指标	*环境法律法规标准执行情况	0.155	符合国家和地方有关环境法律、法规、规章;污染物排放达到国家和地方污染物排放标准和排污许可证管理要求	符合国家和地方相关产业政策,不使用国家和地方明令淘汰的落后工艺和装备	废水、废气、噪声等污染物排放符合国家和地方排放总量控制指标和排污许可指标
2		*产业政策执行情况	0.065	生产规模符合国家和地方相关产业政策,不使用国家和地方明令淘汰的落后工艺和装备		

续表

序号	一级指标	二级指标	指标分值	I级基准值	II级基准值	III级基准值
3		*固体废物处理处置	0.065	采用符合国家规定的废物处置方法处置废物；危险废物按照 GB 18597 相关规定执行		采用符合国家规定的废物处置方法处置废物；一般固体废物按照 GB 18599 相关规定执行
4		清洁生产审核情况	0.065	按照国家和地方要求，开展清洁生产审核		
5		环境管理体系制度	0.065	按照 GB/T 24001 建立并运行环境管理体系、建管理程序文件及作业文件齐备		拥有健全的环境管理体系和完备的管理文件
6		废水处理设施运行管理	0.065	建有废水处理设施运行中控系统，建立治污设施运行台账	建立治污设施运行台账	
7		污染物排放监测	0.065	按照《污染源自动监控管理办法》的规定，安装污染物排放自动监控设备，并与环境保护主管部门的监控设备联网，并保证设备正常运行		对污染物排放实行定期监测
8	清洁生产管理指标	能源计量器具配备情况	0.065	能源计量器具配备率符合 GB 17167、GB 24789 三级计量要求	能源计量器具配备率符合 GB 17167、GB 24789 二级计量要求	
9		环境管理制度和机构	0.065	具有完善的环境管理制度；设置专门环境管理人员		
10		污水排放口管理	0.065	排污口符合《排污口规范化整治技术要求（试行）》相关要求		
11		危险化学品管理	0.065	符合《危险化学品安全管理条例》相关要求		
12		环境应急	0.065	编制系统的环境应急预案并开展环境应急演练	编制系统的环境应急预案	
13		环境信息公开	0.065	按照《环境信息公开办法（试行）》第十九条要求公开环境信息	按照《环境信息公开办法（试行）》第十九条要求公开环境信息	按照《环境信息公开办法（试行）》第二十条要求公开环境信息
14			0.065	按照 HJ 617 编写企业环境报告书		

注：带 * 的指标为限定性指标。

续表

附表6-8 新闻纸定量评价指标项目、权重及基准值

序号	一级指标	一级指标权重	二级指标	单位	二级指标权重	I级基准值	II级基准值	III级基准值
1	资源和能源消耗指标	0.2	*单位产品取水量	m³/t	0.5	8	13	20
2			*单位产品综合能耗 [a]	kgce/t	0.5	240	280	330
3	资源综合利用指标	0.1	水重复利用率	%	1	90	85	80
4	污染物产生指标	0.3	*单位产品废水产生量	m³/t	0.5	7	11	17
5			*单位产品COD_{Cr}产生量	kg/t	0.5	11	15	18
6	纸产品定性评价指标	0.4	参见表13 [b]					

a. 综合能耗指标只限纸机抄造过程。

b. 附表6-13计算结果为本表的一部分，计算方法与本表其他指标相同。

注：带*的指标为限定性指标。

附表6-9 印刷书写纸定量评价指标项目、权重及基准值

序号	一级指标	一级指标权重	二级指标	单位	二级指标权重	I级基准值	II级基准值	III级基准值
1	资源和能源消耗指标	0.2	*单位产品取水量	m³/t	0.5	13	20	24
2			*单位产品综合能耗 [a]	kgce/t	0.5	280	330	420
3	资源综合利用指标	0.1	水重复利用率	%	1	90	85	80
4	污染物产生指标	0.3	*单位产品废水产生量	m³/t	0.5	11	17	20
5			*单位产品COD_{Cr}产生量	kg/t	0.5	10	15	18
6	纸产品定性评价指标	0.4	参见表13 [b]					

a. 综合能耗指标只限纸机抄造过程。

b. 附表6-13计算结果为本表的一部分，计算方法与本表其他指标相同。

注：1. 印刷书写纸包括书刊印刷纸、书写纸等。

2. 带*的指标为限定性指标。

附表 6-10 生活用纸定量评价指标项目、权重及基准值

序号	一级指标	一级指标权重	二级指标	单位	二级指标权重	I级基准值	II级基准值	III级基准值
1	资源和能源消耗指标	0.2	*单位产品取水量	m³/t	0.5	15	23	30
2			*单位产品综合能耗ª	kgce/t	0.5	400	510	580
3	资源综合利用指标	0.1	水重复利用率	%	1	90	85	80
4	污染物产生指标	0.3	*单位产品废水产生量	m³/t	0.5	12	20	25
5			*单位产品 COD_{Cr} 产生量	kg/t	0.5	10	15	22
6	纸产品定量性评价指标	0.4	参见表 13ᵇ					

a. 综合能耗指标只限纸机抄造过程。

b. 附表 6-13 计算结果为本表的一部分，计算方法与本表其他指标相同。

注：1. 生活用纸包括卫生纸品，如卫生纸、面巾纸、手帕纸、餐巾纸等。

2. 带 * 的指标为限定性指标。

附表 6-11 纸板定量评价指标项目、权重及基准值

序号	一级指标	一级指标权重	二级指标		单位	二级指标权重	I级基准值	II级基准值	III级基准值
1	资源和能源消耗指标	0.2	*单位产品取水量	白纸板	m³/t	0.5	10	15	26
				箱纸板			8	13	22
				瓦楞原纸			8	13	20
2			*单位产品综合能耗ª	白纸板	kgce/t	0.5	250	300	330
				箱纸板			240	280	320
				瓦楞原纸			250	300	330
3	资源综合利用指标	0.1	水重复利用率		%	1	90	85	80

续表

序号	一级指标	一级指标权重	二级指标		二级指标权重	单位	I级基准值	II级基准值	III级基准值
4	污染物产生指标	0.3	*单位产品废水产生量	白纸板	0.5	m³/t	8	12	22
				箱纸板			7	11	18
				瓦楞原纸			7	11	17
5			*单位产品 COD$_{Cr}$ 产生量		0.5	kg/t	11	15	22
6	纸产品定性评价指标	0.4	参见表 13[b]						

a. 综合能耗指标只限结果为纸机抄造过程。

b. 附表 6-13 计算结果为本表的一部分，计算方法与本表其他指标相同。

注：1. 白纸板包括涂布或未涂布白纸板、白卡纸、液体包装纸板等。

2. 箱纸板包括普通箱纸板、牛皮挂面箱纸板、牛皮箱纸板等。

3. 带 * 的指标为限定性指标。

附表 6-12　涂布纸定量评价指标项目、权重及基准值

序号	一级指标	一级指标权重	二级指标	二级指标权重	单位	I级基准值	II级基准值	III级基准值
1	资源和能源消耗指标	0.2	*单位产品取水量	0.5	m³/t	14	19	26
2			*单位产品综合能耗[a]	0.5	kgce/t	320	380	430
3	资源综合利用指标	0.1	水重复利用率	1	%	90	85	80
4	污染物产生指标	0.3	*单位产品废水产生量	0.5	m³/t	12	16	23
5			*单位产品 COD$_{Cr}$ 产生量	0.5	kg/t	11	16	19
6	纸产品定性评价指标	0.4	参见表 13[b]					

a. 综合能耗包括纸机抄造和涂布过程。

b. 附表 6-13 计算结果为本表的一部分，计算方法与本表其他指标相同。

注：带 * 的指标为限定性指标。

附表 6-13　纸产品企业定性评价指标项目及权重

序号	一级指标	指标分值	二级指标		指标分值	I级基准值	II级基准值	III级基准值
1	生产工艺及装备指标	0.375	真空系统		0.2	循环使用水		
2			冷凝水回收系统		0.2	采用冷凝水回收系统		
3			废水再利用系统		0.2	拥有白水回收利用系统		
4			填料回收系统		0.13	拥有填料回收系统（涂布纸有涂料回收系统）		
5			汽罩排风余热回收系统		0.13	采用闭式汽罩及热回收		
6			能源利用		0.14	拥有热电联产设施		
7	产品特征指标	0.25	*染料	新闻纸/印刷书写纸/生活用纸	0.4	不使用附录 2 中所列染料		
				涂布纸		不使用附录 2 中所列染料，不使用含甲醛的涂料		
8			*增白剂	纸巾纸/食品包装纸/纸杯	0.2	不使用荧光增白剂		
9			环境标志	复印纸	0.4	符合 HJ/T410 相关要求		
10				再生纸制品		符合 HJ/T205 相关要求		
11	清洁生产管理指标	0.375	*环境法律法规标准执行情况		0.155	符合国家和地方有关环境法律、法规，环境标准；污染物排放达到国家和地方污染物排放总量控制指标和排污许可证管理要求	合国家和地方排放标准，污染物等污染物排放符符污染物排放达到国家和地方污染物排放总量控制	
12			*产业政策执行情况		0.065	生产规模符合国家相关产业政策，不使用国家和地方明令淘汰的落后工艺和装备		
13			*固体废物处理处置		0.065	采用符合国家规定的废物处置方法处置废物；危险废物按照 GB 18599 相关规定执行	18599 相关规定执行；危险废物按照 GB 18597 相关规定执行用符合国家和地方相关产业政策，不使用国家和地方明令淘汰的落一般固体废物按照 GB	
14			清洁生产审核情况		0.065	按照国家规定程序文件及作业文件齐备	环境管理程序文件及作业文件齐备开展清洁生产审核	
15			环境管理体系制度		0.065	按照 GB/T 24001 建立并运行环境管理体系，开展清洁生产审备	系和完备的管理文件拥有健全的环境管理体	拥有健全的环境管理体系和完备的管理文件

续表

序号	一级指标	指标分值	二级指标	指标分值	I 级基准值	II 级基准值	III 级基准值
16			废水处理设施运行管理	0.065	建有废水处理设施运行中控系统，建立治污设施运行台账	建立治污设施运行台账	
17			污染物排放监测	0.065	按照《污染源自动监控管理办法》的规定，安装污染物排放自动监控设备，并与环境保护主管部门的监控系统联网，并保证设备正常运行	按照《污染源自动监控管理办法》的规定，安装污染物排放自动监控设备，并与环境保护主管部门的监控系统联网，并保证设备正常运行	对污染物排放实行定期监测
18	清洁生产管理指标	0.375	能源计量器具配备情况	0.065	能源计量器具配备率符合 GB 17167、GB 24789 三级计量要求	能源计量器具配备率符合 GB 17167、GB 24789 二级计量要求	
19			环境管理制度和机构	0.065	具有完善的环境管理制度；设置专门环境管理机构和专职管理人员		
20			污水排放口管理	0.065	排污口符合《排污口规范化整治技术要求（试行）》相关要求		
21			危险化学品管理	0.065	符合《危险化学品安全管理条例》相关要求		
22			环境应急	0.065	编制系统的环境应急预案；开展环境应急演练	编制系统的环境应急预案	
23			环境信息公开	0.065	按照《环境信息公开办法（试行）》第十九条要求公开环境信息	按照《环境信息公开办法（试行）》第二十条要求公开环境信息	
24				0.065	按照 HJ 617 编写企业环境报告书		

注：带 * 的指标为限定性指标。

213

5 评价方法

5.1 指标无量纲化

不同清洁生产指标由于量纲不同，不能直接比较，需要建立原始指标的函数。

$$Y_{g_k}(x_{ij}) = \begin{cases} 100, & x_{ij} \in g_k \\ 0, & x_{ij} \notin g_k \end{cases} \tag{1}$$

式中　x_{ij}——第 i 个一级指标下的第 j 个二级指标；

g_k——二级指标基准值，其中 g_1 为 I 级水平，g_2 为 II 级水平，g_3 为 III 级水平；

$Y_{g_k}(x_{ij})$——二级指标 x_{ij} 对于级别 g_k 的函数。

如公式（1）所示，若指标 x_{ij} 属于级别 g_k，则函数的值为 100，否则为 0。

5.2 综合评价指数计算

通过加权平均、逐层收敛可得到评价对象在不同级别 g_k 的得分 Y_{g_k}，如公式（2）所示。

$$Y_{g_k} = \sum_{i=1}^{m} \left(\omega_i \sum_{j=1}^{n_i} \omega_{ij} Y_{g_k}(x_{ij}) \right) \tag{2}$$

式中　ω_i——第 i 个一级指标的权重；

ω_{ij}——第 i 个一级指标下的第 j 个二级指标的权重，其中 $\sum_{i=1}^{m} \omega_i = 1$，$\sum_{j=1}^{n_i} \omega_{ij} = 1$，$m$ 为一级指标的个数；n_i 为第 i 个一级指标下二级指标的个数。另外，Y_{g_1} 等同于 Y_{I}，Y_{g_2} 等同于 Y_{II}，Y_{g_3} 等同于 Y_{III}。

5.3 浆纸联合生产企业综合评价指数

浆纸联合生产企业综合评价指数是描述和评价浆纸联合生产企业在考核年度内清洁生产总体水平的一项综合指标。浆纸联合生产企业综合评价指数的计算公式为：

$$Y'_{g_k} = \frac{26}{28} \times \sum_{i=1}^{4} \frac{I_i X_i}{I_1 X_1 + I_2 X_2 + I_3 X_3 + I_4 X_4} \times Y_{g_k}^i + \frac{2}{28} \times Y_{g_k}^5 \tag{3}$$

式中　Y'_{g_k}——浆纸联合生产企业综合评价指数；

$Y_{g_k}^i$——分别为浆纸联合生产企业各类纸浆制浆部分和造纸部分在级别 g_k 上综合评价指数，其中，$Y_{g_k}^1$ 为化学非木浆的综合评价指数，$Y^2_{g_k}$ 为化学木浆的综合评价指数，$Y^3_{g_k}$ 为机械浆的综合评价指数，$Y^4_{g_k}$ 为废纸浆的综合评价指数，$Y^5_{g_k}$ 为纸产品的综合评价指数。

注：1. 化学木浆包括前文提到的漂白硫酸盐木（竹）浆和本色硫酸盐木（竹）浆。

2. 如果企业同时还生产多种纸产品，可以将各种纸产品的综合评价指数按其产量进行加权平均，即可得到 $Y^5_{g_k}$。

I_i——分别为化学非木浆（I_1）、化学木浆（I_2）、机械浆（I_3）、废纸浆（I_4）、纸产品（I_5）的污染系数。其中：

$$I_1 = 10 \qquad I_2 = 7 \qquad I_3 = 5 \qquad I_4 = 4 \qquad I_5 = 2$$

如果该企业没有生产其中一种或几种浆，则相应的 $I_i = 0$。

X_i——分别为化学草浆（X_1）、化学木浆（X_2）、机械浆（X_3）、废纸浆（X_4）在企业生产的各种纸浆产量中所占的百分比，%，且 $\sum\limits_{i=1}^{4} X_i = 100\%$。

5.4　制浆造纸行业清洁生产企业的评定

本标准采用限定性指标评价和指标分级加权评价相结合的方法。在限定性指标达到Ⅲ级水平的基础上，采用指标分级加权评价方法，计算行业清洁生产综合评价指数。根据综合评价指数，确定清洁生产水平等级。

对制浆造纸企业清洁生产水平的评价，是以其清洁生产综合评价指数为依据的，对达到一定综合评价指数的企业，分别评定为清洁生产领先企业、清洁生产先进企业或清洁生产一般企业。

根据目前我国制浆造纸行业的实际情况，不同等级的清洁生产企业的综合评价指数列于附表 6-14。

附表 6-14　制浆造纸行业不同等级清洁生产企业综合评价指数

企业清洁生产水平	评定条件
Ⅰ级（国际清洁生产领先水平）	同时满足： ① $Y_{\mathrm{I}} \geqslant 85$； ② 限定性指标全部满足Ⅰ级基准值要求。
Ⅱ级（国内清洁生产先进水平）	同时满足： ① $Y_{\mathrm{II}} \geqslant 85$； ② 限定性指标全部满足Ⅱ级基准值要求及以上。
Ⅲ级（国内清洁生产一般水平）	同时满足： ① $Y_{\mathrm{III}} \geqslant 100$； ② 限定性指标全部满足Ⅲ级基准值要求及以上。

6 指标解释与数据来源

6.1 指标解释

6.1.1 单位产品取水量

即企业在一定计量时间内生产单位产品需要从各种水源所取得的水量。工业生产取水量，包括取自地表水（以净水厂供水计量）、地下水、城镇供水工程，以及企业从市场购得的其他水或水的产品（如蒸汽、热水、地热水等），不包括企业自取的海水和苦咸水等以及企业为外供给市场的水的产品（如蒸汽、热水、地热水等）而取用的水量。

以木材、竹子、非木类（麦草、芦苇、甘蔗渣）等为原料生产本色、漂白化学浆，以木材为原料生产化学机械浆，以废纸为原料生产脱墨或非脱墨废纸浆，其生产取水量是指从原料准备至成品浆（液态或风干）的生产全过程所取用的水量。化学浆生产过程取水量还包括制浆化学品药液制备、黑（红）液副产品（黏合剂）生产在内的取水量。以自制浆或商品浆为原料生产纸及纸板，其生产取水量是指从浆料预处理、打浆、抄纸、完成以及涂料、辅料制备等生产全过程的取水量。

注：造纸产品的取水量等于从自备水源总取水量中扣除水净化站自用水量及由该水源供给的居住区、基建、自备电站用于发电的取水量及其他取水量等。

按公式（4）计算：

$$V_{ui} = \frac{V_i}{Q} \qquad (4)$$

式中　V_{ui}——单位产品取水量，m^3/Adt；

　　　V_i——在一定计量时间内产品生产取水量，m^3；

　　　Q——在一定计量时间内产品产量，Adt。

6.1.2 单位产品综合能耗

综合能耗中如涉及外购能源，则外购燃料能源一般以其实物发热量为计算基础折算为标准煤量，外购电按当量值进行计算，$1kW \cdot h = 0.1229kgce$ 折算成标煤。其余综合能耗按电和蒸汽等输入能源计，电按当量值进行计算，$1kW \cdot h = 0.1229kgce$ 折算成标煤，蒸汽按蒸汽热焓值计算，换算标煤：$1MJ = 0.03412kgce$。

企业消耗的各种能源包括主要生产系统、辅助生产系统和附属生产系统用能，不包括冬季采暖用能、生活用能和基建项目用能。生活用能是指企业系统内的宿舍、学校、文化娱乐、医疗保健、商业服务和托儿幼教等直接用于生活方面的能耗。

本指标体系能耗统计范围应包括纸浆、机制纸和纸板的主要生产系统消耗的一次能源（原煤、原油、天然气等）、二次能源（电力、热力、石油制品等）和生产使用的耗能工质（水、压缩空气等）所消耗的能源，不包括辅助生产系统和附属生产系统消耗的能源。辅助生产系统、附属生产系统能源消耗量以及能源损耗量不计入主要生产系统单位产品能耗。

纸浆主要生产系统是指纤维原料经计量从备料开始，经过化学、机械等方法制成纸浆或商品浆入库为止的有关工序组成的完整工艺过程和装备。包括备料、除尘、化学或机械处理（如蒸煮、预处理、磨浆、废纸碎解等）、洗涤、筛选、废纸脱墨、漂白、浓缩及辅料制备、黑液提取、碱回收、中段水处理等工序及装备。商品浆还包括浆板抄造和直接为浆板机配备的真空系统、压缩空气系统、热风干燥系统、通风系统、通汽和冷凝水回收系统、白水回收系统、液压系统和润滑系统等。

机制纸和纸板主要生产系统是指自制浆或商品浆从浆料制备开始，经纸机抄造成成品纸或纸板，直至入库为止的完整工序所使用的工艺过程和装备。包括打浆、配浆、储浆、净化、流送、成型、压榨、干燥、表面施胶、整饰、卷纸、复卷、切纸、选纸、包装等过程，以及直接为造纸生产系统配备的辅料制备系统、涂料制备系统、真空系统、压缩空气系统、热风干燥系统、纸机通风系统、干湿损纸回收处理系统、纸机通汽和冷凝水回收系统，白水回收系统、纸机液压系统和润滑系统等。

辅助生产系统是指为生产系统工艺装置配置的工艺过程、设施和设备。包括动力、机电、机修、供水、供气、采暖、制冷和厂内原料场地以及安全、环保等装置。

附属生产系统是指为生产系统专门配置的生产指挥系统（厂部）和厂区内为生产服务的部门和单位。包括办公室、检验室、消防、休息室、更衣室等。

单位产品综合能耗指制浆造纸企业在计划统计期内，对实际消耗的各种能源实物量按规定的计算方法和单位分别折算为一次能源后的总和。综合能耗主要包括一次能源（如煤、石油、天然气等）、二次能源（如蒸汽、电力等）和直接用于生产的能耗工质（如冷却水、压缩空气等）。

具体综合能耗按照 QB 1022 计算。按公式（5）计算：

$$E_{ui} = \frac{E_i}{Q} \qquad (5)$$

式中　E_{ui}——单位产品综合能耗，kgce/Adt；

　　　E_i——在一定计量时间内产品生产的综合能耗，kgce；

　　　Q——在一定计量时间内产品产量，Adt。

6.1.3　黑液提取率

黑液提取率，按公式（6）计算：

$$R_{\mathrm{B}} = \frac{DS}{\frac{1}{\eta_{\mathrm{p}}} - 1 - S_{\mathrm{R}} + M_{\mathrm{A}}} \times 100\% \qquad (6)$$

式中　R_{B}——黑液提取率，%；

　　　DS——在一定计量时间内每吨收获浆（指截止到漂白工艺之前的制浆过程所得到的浆料）送蒸发工段黑液中（指过滤纤维后）的溶解性固形物，t/t；

　　　η_{p}——在同一计量时间内收获浆（同上）的总得率，%；

　　　S_{R}——在同一计量时间内每吨收获浆（同上）的总浆渣产生量，t/t；

　　　M_{A}——在同一计量时间内每吨收获浆（同上）的总用碱量，t/t。

6.1.4　碱回收率

碱回收率（特征工艺指标）是指经碱回收系统所回收的碱量（不包括由于芒硝还原所得的碱）占本期制浆过程所用总碱量（包括漂白工艺之前所有生产过程的耗碱总量，但不包括漂白工艺之后的生产过程如碱抽提所消耗的碱量）的质量百分比。碱回收率反映碱法制浆生产工艺过程清洁生产基本水平（包括碱回收系统生产技术及其管理水平）的主要技术指标。

① 计算方法 1

$$R_{\mathrm{A}} = 100 - \frac{a_0 + b + A - B}{A_{11} + b \pm a_{\mathrm{k}}} \times 100\% \qquad (7)$$

$$a_0 = a(1 - W)\varphi P \times 0.437 \qquad (8)$$

$$A_{11} = A_{\mathrm{N}} K_{\mathrm{N}} \qquad (9)$$

$$K_{\mathrm{N}} = \frac{(1 - S)(1 - R_{\mathrm{K}})}{R_{\mathrm{K}}} \qquad (10)$$

式中　R_{A}——碱回收率，%；

　　　a_0——补充芒硝的产碱量，kg；

　　　a——芒硝补充量，kg；

W——芒硝水分，%；

φ——芒硝的纯度，%；

P——芒硝的还原率，%；

0.437——由芒硝转化为氧化钠的系数；

b——氯漂工艺之前所有制浆过程补充的外来新鲜碱，kg；

A——统计开始时系统结存碱量，kg；

B——统计结束时系统结存碱量，kg；

A_{11}——回收碱量，kg；

A_N——回收活性碱量，kg；

K_N——转换系数；

S——硫化度，%；

R_K——苛化度，%；

a_k——白液结存碱量，kg。

② 计算方法 2

$$R_A = \frac{A_{11} - a_0}{A_t} \times 100\% \qquad (11)$$

式中　R_A——碱回收率，%；

A_{11}——本期回收碱量，kg；

a_0——本期补充芒硝的产碱量，kg；

A_t——本期制浆（氯漂工艺之前）生产过程的总用碱量，kg。

6.1.5　碱炉热效率

碱炉热效率，按 GB/T 27713 执行。

6.1.6　白泥综合利用率（η）

白泥综合利用率，按公式（12）计算：

$$\eta = \left(1 - \frac{S_d}{S_t}\right) \times 100\% \qquad (12)$$

式中　η——白泥综合利用率，%；

S_d——本期绝干白泥排放量，kg；

S_t——本期绝干白泥总产生量，kg。

6.1.7　水重复利用率

水的重复利用率，按公式（13）计算：

$$R = \frac{V_r}{V_i + V_r} \times 100\% \qquad (13)$$

式中　R——水的重复利用率，%；

V_r——在一定计量时间内重复利用水量（包括循环用水量和串联使用水量），m^3；

V_i——在一定计量时间内产品生产取水量，m^3。

6.1.8 锅炉灰渣综合利用率

锅炉灰渣综合利用率，按公式（14）计算：

$$\eta_a = \frac{Q_r}{Q_t} \times 100\% \tag{14}$$

式中 η_a——锅炉灰渣综合利用率，%；

Q_r——本期锅炉灰渣综合利用量，kg；

Q_t——本期锅炉灰渣总产生量，kg。

6.1.9 备料渣（指木屑等）综合利用率

备料渣（指木屑等）综合利用率，按公式（15）计算：

$$I = \frac{H_i}{H} \times 100 \tag{15}$$

式中 I——备料渣综合利用率，%；

H——本期备料渣总产生量，kg；

H_i——本期备料渣综合利用量，kg。

6.1.10 单位产品废水产生量

废水产生量，按公式（16）计算：

$$V_{ci} = \frac{V_c}{Q} \tag{16}$$

式中 V_{ci}——单位产品废水产生量，m^3/Adt；

V_c——在一定计量时间内企业生产废水产生量，m^3；

Q——在一定计量时间内产品产量，Adt。

6.1.11 单位产品 COD_{Cr} 产生量

COD_{Cr} 产生量指纸浆造纸过程产生的废水中 COD_{Cr} 的量，在废水处理站入口处进行测定。

$$COD_{Cr} = \frac{C_i \times V_c}{Q} \tag{17}$$

式中 COD_{Cr}——单位产品 COD 产生量，kg/Adt；

C_i——在一定计量时间内，各生产环节 COD 产生浓度实测加权值，mg/L；

V_c——在一定计量时间内，企业生产废水产生量，m^3；

Q——在一定计量时间内产品产量，Adt。

6.1.12　白泥残碱率

白泥残碱率，按公式（18）计算：

$$\Gamma = \frac{N}{M} \times 100 \qquad (18)$$

式中　Γ——白泥残碱率，%；

　　　M——本期白泥总产生量，kg；

　　　N——本期产生白泥中残碱的含量（以 Na_2O 计），kg。

6.2　数据来源

6.2.1　统计

企业的产品产量、原材料消耗量、取水量、重复用水量、能耗及各种资源的综合利用量等，以年报或考核周期报表为准。

6.2.2　实测

如果统计数据严重短缺，资源综合利用特征指标也可以在考核周期内用实测方法取得，考核周期一般不少于一个月。

6.2.3　采样和监测

本指标污染物产生指标的采样和监测按照相关技术规范执行，并采用国家或行业标准监测分析方法，详见附表 6-15。

附表 6-15　污染物项目测定方法标准

监测项目	测定位置	方法标准名称	方法标准编号
化学需氧量（COD_{Cr}）	末端治理设施入口	水质 化学需氧量的测定 重铬酸钾法	GB 11914
可吸附有机卤素（AOX）	车间或生产设施废水排放口	水质 可吸附有机卤素（AOX）的测定 微库仑法	GB/T 15959

附件

禁止使用的染料

1. 属 MAK Ⅲ A1 的致癌芳香胺 4 种

　　4- 氨基联苯

　　联苯胺

　　4- 氯 -2- 甲基苯胺

　　2- 萘胺

2. 属 MAK Ⅲ A2 的致癌芳香胺 20 种

　　4- 氨基 -3,2- 二甲基偶氮苯

　　2- 氨基 -4- 硝基甲苯

　　2,4- 二氨基苯甲醚

　　4- 氯苯胺

　　4,4- 二氨基二苯甲烷

　　3,3- 二氯联苯胺

　　3,3- 二甲氧基联苯胺

　　3,3- 二甲基联苯胺

　　3,3- 二甲基 -4,4- 二甲基二苯甲烷

　　2- 甲氧基 -5- 甲基苯胺

　　4,4- 亚甲基 - 二（ 2- 氯苯胺）

　　4,4- 二氨基二苯醚

　　4,4- 二氨基二苯硫醚

　　2- 甲基苯胺

　　2,4- 二氨基甲苯

　　2,4,5- 三甲基苯胺

　　2- 甲氧基苯胺

4- 氨基偶氮苯

2,4- 二甲基苯胺

2,6- 二甲基苯胺

3. 含有汞、镉、铅或六价铬化合物的染料

国家发展和改革委员会

环境保护部

工业和信息化部